职业教育机电类专业系列教材

可编程控制器技术及应用（三菱系列）

（第2版）

主编　张方庆　肖功明

参编　李　敏　刘小丹

U0216621

電子工業出版社·

Publishing House of Electronics Industry

北京·BEIJING

内 容 简 介

本书从工程实际应用和职业技能鉴定要求出发，以实际工作应用较多的三菱 PLC 为基础，从易到难介绍了 PLC 的结构与工作原理、基本指令、步进指令、功能指令的使用方法，介绍如何使用 PLC 编程软件和编程器对 PLC 的程序进行编写、传送、调试，PLC 系统设计与安装，并介绍了 PLC 网络通信技术及应用。

本书是职专院校电气自控、机电一体化专业理想的学习教材、培训教材，也可作为从事控制技术职工的培训教材及技术工人的更新知识的自学使用。

图书在版编目（CIP）数据

可编程控制器技术及应用：三菱系列/张方庆，肖功明主编. —2 版. —北京：电子工业出版社，2012.1
职业教育行业规划教材
ISBN 978-7-121-15474-4

Ⅰ. ①可… Ⅱ. ①张…②肖… Ⅲ. ① 可编程序控制器—中等专业学校—教材 Ⅳ. ①TM571.6

中国版本图书馆 CIP 数据核字（2011）第 259183 号

策划编辑：张 凌
责任编辑：张 凌
印　　　刷：北京七彩京通数码快印有限公司
装　　　订：北京七彩京通数码快印有限公司
出版发行：电子工业出版社
　　　　　北京市海淀区万寿路 173 信箱　邮编　100036
开　　本：787×1 092　1/16　印张：14.75　字数：377.6 千字
版　　次：2008 年 3 月第 1 版
　　　　　2012 年 1 月第 2 版
印　　次：2025 年 2 月第 20 次印刷
定　　价：27.00 元

前　言

可编程控制器自诞生以来，经过几十年的发展，其各种功能与性能均获得了很大的提高与改进，目前 PLC 集数据处理、程序控制、参数调节及网络数据通信等功能于一体，不论是较为简单的单机逻辑与顺序控制，还是复杂系统的控制，选择适当的 PLC 都能获得满意的控制效果。在计算机集成制造系统与计算机集成过程控制系统中，PLC 也起到了重要的作用。在网络化的多级工业控制系统国。PLC 在设备级与控制级有着其他控制装置无可比拟的优势，因此得到了广大工业控制界的青睐，随着我国经济的迅速发展，PLC 技术在冶金、化工、交通、电力、机械等领各行各业中的应用越来越广泛，作为一名即将走上工作岗位或是已从事机电专业的工程技术人员来说，熟悉和掌握电气自动化领域中的 PLC 技术已成为非常紧迫的任务。

本书与职业技能鉴定相结合，在从易到难介绍了 PLC 的结构与工作原理、基本指令、步进指令、功能指令使用方法的基础上，介绍如何使用 PLC 编程软件和编程器对 PLC 的程序进行编写、程序的传送、调试，在第 1 版的基础上增加了 PLC 网络通信技术及应用。

本书共八章，第 1 章介绍了 PLC 的定义、特点及其结构原理，第 2 章主要介绍了三菱 FX 系列 PLC 的编程元件及其用法，第 3 章主要介绍了三菱 FX 系列 PLC 基本指令系统及编程，第 4 章主要介绍三菱 FX 系列 PLC 编程器及编程软件的用法，并通过实验体会基本指令的用法，第 5 章介绍了三菱 FX 系列 PLC 步进指令的使用及编程方法，第 6 章主要介绍了三菱 FX 系列 PLC 功能指令的使用和编程方法，第 7 章主要介绍了 PLC 系统的设计原则与应用，第 8 章介绍了 PLC 网络通信技术与应用。

本书由张方庆和肖功明同志担任主编，李敏、刘小丹同志参与了本书的编写工作，长沙理工大学的唐勋琼教授对本书提出了许多宝贵意见。在此，对上述各位专家和所列参考文献的作者表示衷心感谢！

由于时间仓促，涉及内容较广，加之编者水平有限，错误及不当之处敬请广大读者批评指正，为谢！

为了方便教师教学，本书还配有教学指南、电子教案和习题答案（电子版）。同时在第 1 版的基础上增加了 FX 系列 PLC 的编程软件、FX 系统 PLC 的编程手册、FX 系列 PLC 工程典型应用 101 例等学习、工程应用参考资料。请有此需要的师生登录华信教育资源网（www.hxedu.com.cn）免费注册后再进行下载，有问题时请在网站留言或与电子工业出版社联系（E-mail：hxedu@phei.com.cn）。

编　者
2011 年 9 月

目 录

第 **1** 章

概　　述

1.1 可编程控制器的定义及其功能特点

1.1.1 PLC 的定义

可编程序逻辑控制器简称为 PLC（Programmable Logical Controller），也常称为可编程序控制器，即 PC（Programmable Controller）。它是微机技术与继电接触器常规控制概念相结合的产物，即采用微型计算机的基本结构和工作原理，融合继电接触器控制的概念构成的一种新型电控器。

国际电工委员会（IEC）曾于 1982 年 11 月颁发了可编程控制器标准草案第一稿，1985 年 1 月又颁发了第二稿，1987 年 2 月颁发了第三稿。草案中对可编程控制器的定义是："可编程控制器是一种数字运算操作的电子系统，专为在工业环境下应用而设计。它采用了可编程序的存储器，用来在其内部存储执行逻辑运算、顺序控制、定时、计数和算术操作等面向用户的指令，并通过数字式或模拟式的输入/输出，控制各种类型的机械或生产过程。可编程控制器及其有关外围设备，都按易于使工业系统连成一个整体、易于扩充其功能的原则设计。"

1.1.2 PLC 的产生和发展

在可编程序控制器问世以前，工业控制领域中是由继电器控制占主导地位的。继电器控制对生产工艺多变的系统的适应性差，一旦生产任务和工艺发生变化，就必须重新设计，并改变硬件结构。

1969 年，美国数字设备公司（DEC 公司）研制出了第一台可编程控制器 PDP-14，并在美国通用汽车公司的生产线上试用成功，可编程控制器自此诞生。

美国从 1971 年开始输出这种技术。1973 年以后，西德、日本、英国、法国相继开发了各自的 PLC，并广泛应用。几十年来，PLC 的发展迅猛异常，它广泛应用于各行各业。PLC 的出现和发展，是工业控制技术的一个飞跃。需要特别指出的是，PLC 在机械行业的应用有十分重要的意义，已成为当今世界的新潮流。据国外有关资料统计，用于机械行业的PLC 的销售额占总销售额的 60%。PLC 是实现机电一体化的重要手段，它既能将传统的机械产品改造成为机电一体化新一代的产品，又适应于生产过程控制。PLC 在我国机械、冶金、化工、轻工等大多数工业部门已开始得到广泛应用。

自第一台 PLC 诞生以来，PLC 共经历了五个发展时期：

（1）1969 年到 20 世纪 70 年代初期；

（2）20 世纪 70 年代初期到末期；

（3）20 世纪 70 年代末期到 80 年代中期；

（4）20 世纪 80 年代中期到 90 年代中期；

（5）21 世纪仍保持旺盛的发展势头。

1.1.3 可编程控制器的功能特点

PLC 是电子技术、计算机技术与继电逻辑自动控制相结合的产物。它不仅充分发挥了计算机的优点，可以满足各种工业生产过程自动控制的要求，同时又兼顾了一般电气操作人员的技术水平和习惯，采用梯形图或状态流程图等编程方式，使 PLC 的使用始终保持大众化的特点。

PLC 可用于单台机电设备的控制，也可用于按照生产过程和工艺要求编制控制程序。程序运行后，PLC 就根据现场输入信号（按钮、行程开关、接近开关或其他传感器信号），按照预先编好的程序对执行机构（如电磁阀、电动机等）的动作进行控制。

PLC 的型号繁多，各种型号的 PLC 的功能不尽相同。但目前的 PLC 一般都具有下列功能。

① 条件控制。

PLC 具有逻辑运算功能，它能根据输入的与、或等逻辑关系决定输出的状态，故它可代替继电器进行开关控制。

② 定时控制。

为满足用户对定时控制的要求，PLC 提供上百个功能较强的定时器，如 FX2 型 PLC 共有 256 个定时器。所有定时器的定时值可由用户在编程时设定，即使在运行中，定时值也可被读出或修改，使用灵活、操作方便。

③ 计数控制。

为满足用户对计数控制的需要，PLC 提供了上百个功能较强的计数器，如 FX2 型 PLC 可向用户提供 241 个计数器，其中有 6 个高速计数器，121 个电池后备计数器。所有计数器的设定值可由用户在编程时设定，且随时可以修改。

④ 步进控制。

步进顺序控制是 PLC 的最基本的控制方式，但是许多 PLC 为方便用户编制了较复杂的步进控制程序，并设置了专门的步进控制指令。如 FX2 型 PLC 中有上千个状态元件，为用户编写较复杂的步进顺序控制程序提供了极大的方便。

⑤ 数据处理。

PLC 具有较强的数据处理能力，除了能进行加、减、乘、除四则运算甚至开方运算外，还能进行字操作、移位操作、数制转换、译码等数据处理。

⑥ 通信和联网。

由于 PLC 采用了通信技术，可进行远程的 I/O（输入/输出）控制。多台 PLC 之间可进行同位链接（PLC Link），还可通过计算机进行上位链接（Host Link），接受计算机的命令，并将执行结果返回给计算机。一台计算机与多台 PLC 可构成集中管理、分散控制的分布式控制网络，以完成较大规模的复杂控制。

⑦ 对控制系统的监控。

PLC 具有较强的监控功能，它能记忆某些异常情况或在发生异常情况时自动终止运行。操作人员通过监控命令，可以监视系统的运行状态、改变设定值等，方便了程序的调试。

可编程控制器在工业自动控制系统中占有极其重要的地位，最重要的原因是它具有如下特点。

① 通用性强。

由于 PLC 采用了微型计算机的基本结构和工作原理，而且接口电路考虑了工业控制的要求，输出接口能力强，因而对不同的控制对象，可以采用相同的硬件，只需编制不同的软件，就可实现不同的控制。

② 接线简单。

只要将用于控制的接线、限位开关和光电开关等接入 PLC 的输入端，将被控制的电磁铁、电磁阀、接触器和继电器等功率输出元件的线圈接至 PLC 的输出端，就完成了全部的接线任务。

③ 编程容易。

PLC 一般使用与继电接触器控制电路原理图相似的梯形图或面向工业控制的简单指令形式编程。因而编程语言形象直观，容易掌握，具有一定的电工和工艺知识的人员可在短时间内学会并运用自如。

④ 抗干扰能力强、可靠性高。

PLC 的输入输出采取了隔离措施，并应用大规模集成电路，因此能适应各种恶劣的环境，并能直接安装在机器设备上运行。

⑤ 容量大、体积小、重量轻、功耗低、成本低、维修方便。

例如一台具有 128 个输入输出点的小型 PLC，其尺寸为 216mm×127mm×110mm，重约 2.3kg，空载功耗为 1.2W，它可以实现相当于 400～800 个继电器组成的系统的控制功能，而其成本仅相当于相同功能继电器系统的 10%～20%。PLC 一般采用模块结构，又具有自诊断功能，判断故障迅速方便，维修时只需更换插入式模块，十分方便。

1.2　PLC 的结构及软件系统

PLC 作为自动控制系统中的核心部件，要充分发挥其功能，就必须了解 PLC 的结构及软件系统。

1.2.1　PLC 硬件的基本结构

PLC 的生产厂家很多，产品的结构也各不相同，但其基本构成是一样的，都采用计算机结构，即以微处理器为核心，通过硬件和软件的共同作用来实现其功能。PLC 主要由六个部分组成：中央处理器（CPU）、存储器、输入/输出（I/O）接口电路、电源、外部设备接口、输入/输出（I/O）扩展接口（如图 1-1 所示）。

1. CPU

CPU 是中央处理器（Central Processing Unit）的英文缩写。它是 PLC 的核心和控制指挥中心，主要由集成在一块芯片上的控制器、运算器和寄存器组成。CPU 通过地址总线、数据总线和控制总线与存储器、输入/输出接口电路相连接，完成信息传递、转换等。

CPU 的主要功能有：接收输入信号并存入存储器；读出指令；执行指令并将结果输出；处理中断请求；准备下一条指令等。

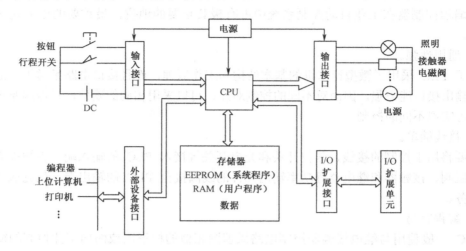

图 1-1　PLC 的结构示意图

2．存储器

存储器主要用来存放系统程序、用户程序和数据。根据存储器在系统中的作用，可将其分为系统程序存储器和用户存储器。

系统程序存储器用来存放制造商为用户提供的监控程序，模块化应用功能子程序、命令解释程序、故障诊断程序及其他管理程序。

系统程序直接影响着 PLC 的整机性能。系统程序需要永久保存在 PLC 中，不能因关机、停电或其他部分出现故障而改变其内容。因此，制造商将系统程序固化在只读存储器 ROM 中，作为 PLC 的一部分提供给用户，用户无法改变系统程序的内容。

用户存储器是专门提供给用户存放程序和数据的，所以用户存储器通常又分为用户程序存储器和数据存储器两个部分。

用户存储器有 RAM、EPROM、EEPROM 三种类型。随机存储器 RAM 一般都是 CMOS 型的，耗电极小，通常都用锂电池作后备，这样在失电时也不会丢失程序。为防止由于错误操作而损坏程序，在程序调试完成后，还可用 EPROM 或 EEPROM 将程序固化。EPROM 的缺点是在写入和擦除时都必须要用专用的写入器和擦除器，用户使用很不方便。所以目前用得最多的是 EEPROM，它采用电擦除的方法，写入和擦除时只需编程器即可，而不用其他专用装置。

用户程序存储器用来存放用户编写的应用程序。通常，PLC 的控制对象有一定的稳定性，所以控制内容和相应的控制程序也是相对稳定不变的。根据这一特点，调试成熟的用户程序一般都存储在 EPROM 或 EEPROM 中，如要改变程序就需要重写或更换 EPROM 或 EEPROM。

数据存储器用来存放控制过程中需要不断改变的信息，如输入/输出信号、各种工作状态、计数值、定时值、运算的中间结果等。这些数据在 PLC 运行期间总是不断改变的，只能用可以随意读写的随机存储器 RAM 来存放。

3．输入接口电路

PLC 输入、输出信号分开关量、模拟量、数字量三种类型，用户涉及最多的是开关量，所以本教材主要介绍开关量接口电路。

PLC 的一大优点是抗干扰能力强。在 PLC 的输入端，所有的输入信号都是经过光电耦合并经 RC 电路滤波后才送入 PLC 内部放大器的，采用光电耦合和 RC 滤波的措施后能有效地消除环境中杂散电磁波等造成的干扰，而且光耦的输入输出具有很高的绝缘电阻，能承受1 500V 以上的高压而不被击穿，所以 PLC 的这种抗干扰手段已为其他电路所采用。

图 1-2 所示为直流输入接口电路原理图，PLC 内部提供直流电源。当输入开关接通时，光电耦合器导通，由装在 PLC 面板上的发光二极管（LED）来显示某一输入端口（图中只画了一个端口）有信号输入。

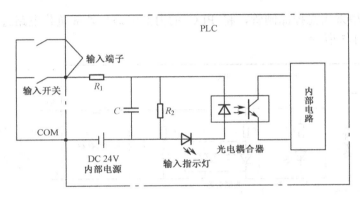

图 1-2　直流输入接口电路

图 1-3 所示为交/直流输入接口电路原理图。其内部电路结构与直流输入接口电路基本相同，不同之处在于交/直流电源外接。

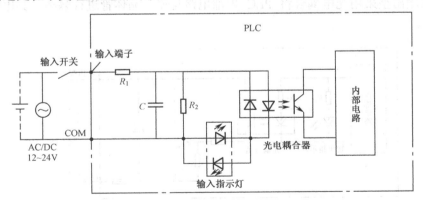

图 1-3　交/直流输入接口电路

4．输出接口电路

为适应负载的不同需要，各类 PLC 的输出接口电路都有三种形式：继电器输出，晶闸管输出，晶体管输出。

继电器输出型是利用继电器线圈与输出触点，将 PLC 内部电路与外部负载电路进行电气隔离，其电路示意图如图 1-4 所示。

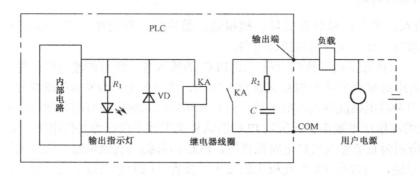

图 1-4　继电器输出接口电路

晶闸管输出型采用光控晶闸管，将 PLC 的内部电路与外部负载电路进行电气隔离，其电路示意图如图 1-5 所示。

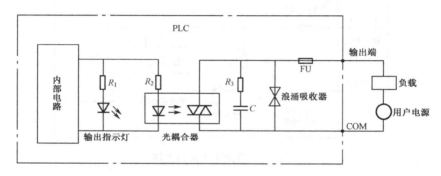

图 1-5　晶闸管输出接口电路

晶体管输出型采用光电耦合将 PLC 内部电路与输出晶体管进行隔离，其电路示意图如图 1-6 所示。

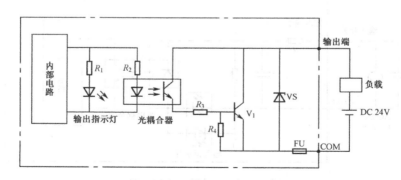

图 1-6　晶体管输出接口电路

三菱 PLC 的输出接口电路中，其输出端子有两种接法：一种是输出端无公共端，每一路都各自独立；另一种是若干路输出构成一组，共用一个公共端，各组的公共端用编号区分，如 COM1，COM2，…，各组公共端间相互隔离。

对共用一个公共端的同一组输出，必须用同一电压类型和同一电压等级，但不同组公

共端可使用不同的电压类型和电压等级。假如每四个输出端分为一组，共用一个公共端，Y000～Y003 共用 COM1，Y004～Y007 共用 COM2，Y000～Y003 使用的电压可以为 AC 220V，Y004～Y007 使用的电压可以为 DC 220V 或 DC 24V。

图 1-7 所示为 PLC 输出端无公共端且每一路输出都是各自独立的输出方式示意图。

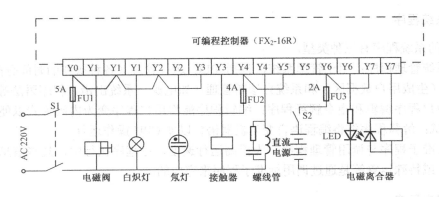

图 1-7　PLC 各路输出独立的输出方式的示意图

图 1-8 所示为 PLC 每四个输出共用一个公共端的输出方式示意图。

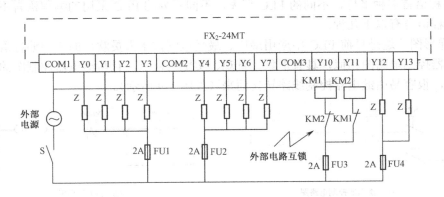

图 1-8　PLC 四路输出共用一个公共端的输出方式的示意图

5．电源部分

一般地，小型 PLC 的电源输出分为两部分：一部分供 PLC 内部电路工作；另一部分用于向外提供给现场传感器等。与其他电子设备一样，电源是非常重要的一部分，它的性能如何将直接影响 PLC 的功能和可靠性。

PLC 对电源的基本要求是：

① 能有效控制、消除电网电源带来的各种噪声；

② 不会因电源发生故障而导致其他部分产生故障；

③ 能在较宽的电压波动范围内保持输出电压的稳定；

④ 电源本身的功耗应尽量低，以降低整机的温升；

⑤ 内部电源及 PLC 向外提供的电源与外部电源间应完全隔离；

⑥ 有较强的自动保护功能。

目前，PLC 都采用开关电源，性能稳定、可靠。对数据存储器常采用锂电池做断电保护后备电源，锂电池的工作寿命大约为 5 年。

1.2.2 PLC 软件系统

PLC 的软件系统由系统程序和用户程序组成。

1. 系统程序

PLC 的系统程序有三种类型。

① 系统管理程序：用于管理系统，包括 PLC 运行管理（各种操作的时间分配）、存储空间管理（生成用户数据区）和系统自诊断管理（如电源、系统出错、程序语法等）。

② 用户程序编辑和指令解释程序：编辑程序能将用户程序变为内码形式以便于程序的修改、调试；解释程序能将编程语言变为机器语言以便 CPU 操作运行。

③ 标准子程序与调用管理程序：为提高运行速度，在程序执行中，某些信息处理（如 I/O 处理）或特殊运算等是通过调用标准子程序来完成的。

2. 用户程序

根据系统配置和控制要求编辑用户程序，是 PLC 应用于工业控制的一个重要环节。PLC 的编程语言多种多样，不同的 PLC 厂家，不同系列的 PLC 采用的编程语言不尽相同。常用的编程语言有以下几种。

① 梯形图。这是目前 PLC 中应用最广、最受电气技术人员欢迎的一种编程语言。梯形图与继电器控制电路图相似，具有形象、直观、实用的特点，且与继电器控制图的设计思路基本一致，很容易由继电器控制线路转化而来（如图 1-9 所示）。

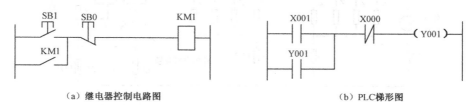

（a）继电器控制电路图　　　　　　　　　　（b）PLC梯形图

图 1-9　继电器控制电路图与 PLC 梯形图

② 语句表。这是一种与汇编语言类似的编程语言，它采用助记符指令，并将程序按执行顺序逐句编写成语句表。梯形图与语句表完成同样的控制功能，两者之间存在一定对应关系，将图 1-9（b）的梯形图用语句表表达如图 1-10 所示。

步序	指令	数据
0	LD	X001
1	OR	Y001
2	ANI	X000
3	OUT	Y001

图 1-10　图 1-9（b）的语句表

③ 逻辑图。逻辑图包括与、或、非及定时器、计数器、触发器等，图 1-9（b）的梯形图的逻辑图如图 1-11 所示。

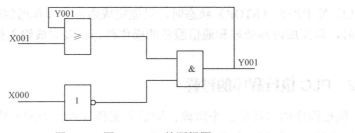

图 1-11　图 1-9（b）的逻辑图

④ 功能表图，又称为状态转换图，简称 SFC 编程语言。它将一个完整的控制过程分成若干个状态，各个状态具有不同的动作，状态间有一定的转换条件，条件满足则状态转换，上一状态结束则下一状态开始。它的作用是表达一个完整的顺序控制过程。

⑤ 高级语言。近来为了增加 PLC 的运算功能和数据处理能力及方便用户，许多大中型 PLC 已采用高级语言来编程，如 BASIC、C 语言等。

上述几种编程语言中，最常用的是梯形图和语句表。

1.3　PLC 的工作原理

1.3.1　扫描工作方式

当 PLC 运行时，有许多操作需要进行，但 CPU 不可能同时去执行多个操作，它只能按分时操作原理每一时刻执行一个操作。由于 CPU 的运算处理速度很快，使得 PLC 外部出现的结果从宏观上来看似乎是同时完成的。这种分时操作的过程称为 CPU 的扫描工作方式。

PLC 执行用户程序时，采用扫描工作方式完成。整个扫描过程中，PLC 除了执行用户程序外，还要完成其他工作。图 1-12 所示为 PLC 工作过程框图。

在执行用户程序前，PLC 还应完成内部处理、通信服务与自诊检查。在内部处理阶段，CPU 检查 CPU 模块内部硬件是否正常，监视定时器复位及完成其他一些内部处理。在通信服务阶段，PLC 完成与带处理器的智能模块或与其他外设的通信，以及数据的接收和发送、响应编程器键入命令、更新编程器显示内容、更新时钟和特殊寄存器内容等工作。PLC 具有很强的自诊断功能，如电源检测、内部硬件是否正常、程序语法是否有错等，一旦有错或异常 CPU 则能根据错误类型和程序发出提示信号，甚至进行相应的出错处理，使 PLC 停止扫描或强制变成 STOP 方式。

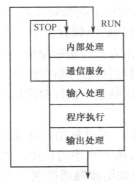

图 1-12　PLC 工作过程框图

当 PLC 处于停止（STOP）状态时，只能完成内部处理和通信服务工作。当 PLC 处于运行状态时，除完成内部处理和通信服务的操作外，还要完成输入处理、程序执行、输出处理等工作。

1.3.2 PLC 执行程序的过程

PLC 执行程序的过程分三个阶段，即输入采样（输入处理）阶段、程序执行阶段和输出刷新（输出处理）阶段（如图 1-13 所示）。

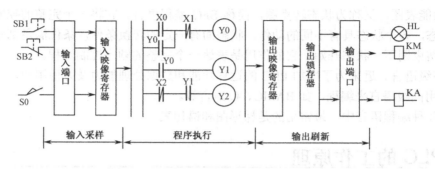

图 1-13 可编程控制器的工作过程示意图

1. 输入采样

当 PLC 开始周期工作时，CPU 首先以扫描方式读入所有输入端的开关信号状态（闭合为"1"，断开为"0"），并逐一存入输入映像区（寄存器）。输入映像区的位数与输入端子数目相对应，输入采样结束后转入程序执行阶段。

2. 程序执行

根据 PLC 梯形图程序扫描原则，PLC 按先左后右、先上后下的步序逐句扫描。但当遇到程序跳转指令时，则根据跳转条件是否满足来决定程序的跳转地址。当指令中涉及输入、输出状态时，PLC 就从输入映像寄存器中"读入"上一阶段采入的对应输入端子状态，从元件映像寄存器中"读入"对应元件（"软继电器"）的当前状态，然后进行相应的运算，并将运算结果存入输出映像寄存器中。

3. 输出刷新

在所有指令执行完毕且已进入到输出刷新阶段时，PLC 才将输出映像寄存器中所有输出继电器的状态（接通/断开）转存到输出锁存器中，然后通过一定方式输出以驱动外部负载，这种输出工作方式称为集中输出方式。集中输出方式在执行用户程序时不是得到一个输出结果就向外输出一个，而是把执行用户程序所得的所有输出结果先全部存放在输出映像寄存器中，执行完用户程序后所有输出结果一次性向输出端口或输出模块输出，使输出设备部件动作。

PLC 重复执行上述 3 个阶段，周而复始，每重复一次所需的时间称为一个工作周期。PLC 工作周期的长短，主要取决于程序的长短。PLC 工作周期一般为 20~40ms，这对一般工作设备没有什么影响，例如用接触器控制一台电动机，从电流流入接触器线圈到触头完成动作需要 30~40ms。因此，多数情况下，PLC 的周期工作方式在实际应用中是不成问题的。

从 PLC 的周期工作方式可见，PLC 与继电接触器控制的工作方式不同。对于继电接触器电路，全部电器动作可以看成是平行执行的，或者说是同时执行的；而 PLC 是以周期方式工作，即串行方式工作，PLC 的电器动作按串行工作方式可避免继电接触器控制方式的触点"竞争"和"时序失配"等问题。

1.3.3 PLC 的 I/O 滞后现象

从 PLC 工作过程的分析中可知，由于 PLC 采用循环扫描的工作方式，而且对输入和输出信号只在每个扫描周期的 I/O 刷新阶段集中输入并集中输出，所以必然会产生输出信号相对输入信号的滞后现象。

从 PLC 的输入端有一个输入信号发生变化到 PLC 的输出端对该输入信号的变化做出反应所需要的时间称为 PLC 的响应时间或滞后时间。滞后时间是设计 PLC 控制系统时应了解的一个重要参数。

滞后时间的长短与以下因素有关。

① 输入滤波器对信号的延迟作用。由于 PLC 的输入电路中设置了滤波器，并且滤波器的时间常数越大，对输入信号的延迟作用越强。从输入端 ON 到输入滤波器输出所经历的时间为输入 ON 延时。有些 PLC 的输入电路滤波器的时间常数可以调整。

② 输出继电器的动作延迟。对继电器输出型的 PLC，把从锁存器 ON 到输出触点 ON 所经历的时间称为输出 ON 延时，一般需十几毫秒。所以在要求输入/输出有较快响应的场合，最好不要使用继电器输出型的 PLC。

③ PLC 的循环扫描工作方式。扫描周期越长，滞后现象越严重。一般扫描周期只有十几毫秒，最多几十毫秒，因此在慢速控制系统中可以认为输入信号一旦变化就能立即进入输入映像寄存器中。如果某些设备需要输出对输入做出快速响应时，可采用快速响应模块、高速计数模块及中断处理等措施来尽量减少滞后。

1.4 PLC 的分类及应用

1.4.1 PLC 的分类

1. 按结构形式分类

① 整体式 PLC。

它将电源、CPU、存储器及 I/O 等各个功能集成在一个机壳内。其特点是结构紧凑、体积小、价格低，小型 PLC 多采用这种结构，如三菱 FX 系列的 PLC。整体式 PLC 一般配有许多专用的特殊功能模块，如模拟量 I/O 模块、通信模块等。整体式的 PLC 如图 1-14 所示。

② 模块式 PLC。

将电源模块、CPU 模块、I/O 模块作为单独的模块安装在同一底板或框架上的 PLC 是模块式 PLC。其特点是配置灵活、装配维护方便，大、中型 PLC 多采用这种结构，如图 1-15 所示。

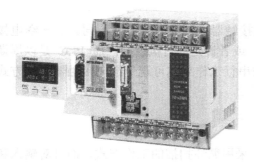
图 1-14　整体式 PLC 外观图

图 1-15　模块式 PLC 外观图

2．按 I/O 点数和存储容量分类

① 小型 PLC：I/O 点数在 256 点以下，存储器容量 2k 步。
② 中型 PLC：I/O 点数在 256～2 048 点之间，存储器容量 2k～8k 步。
③ 大型 PLC：I/O 点数在 2 048 点以上，存储器容量 8k 步以上。

1.4.2　PLC 的应用

目前，PLC 在国内外已广泛应用于钢铁、石油、化工、电力、建材、机械制造、汽车、轻纺、交通运输、环保及文化娱乐等各个行业，使用情况大致可归纳为如下几类。

1．开关量的逻辑控制

这是 PLC 最基本、最广泛的应用领域。它取代传统的继电器电路，实现逻辑控制、顺序控制，既可用于单台设备的控制，也可用于多机群控及自动化流水线，如注塑机、印刷机、订书机械、组合机床、磨床、包装生产线、电镀流水线等。

2．模拟量控制

在工业生产过程中，有许多连续变化的量，如温度、压力、流量、液位和速度等都是模拟量。为了使可编程控制器能处理模拟量，必须实现模拟量（Analog）和数字量（Digital）之间的 A/D 转换及 D/A 转换。PLC 厂家都生产配套的 A/D 和 D/A 转换模块，使可编程控制器能用于模拟量控制。

3．运动控制

PLC 可以用于圆周运动或直线运动的控制。从控制机构配置来说，PLC 早期直接用开关量 I/O 模块连接位置传感器和执行机构，现在一般使用专用的运动控制模块，如可驱动步进电机或伺服电机的单轴或多轴位置控制模块。世界上各主要 PLC 厂家的产品几乎都有运动控制功能，广泛用于各种机械、机床、机器人、电梯等场合。

4．过程控制

过程控制是指对温度、压力、流量等模拟量的闭环控制。作为工业控制计算机，PLC 能编制各种各样的控制算法程序，完成闭环控制。PID 调节是一般闭环控制系统中用得较多的调节方法。大中型 PLC 都有 PID 模块，目前许多小型 PLC 也具有此功能模块。PID 调节一般是运行专用的 PID 子程序。过程控制在冶金、化工、热处理、锅炉控制等场合有非常广泛的应用。

5. 数据处理

现代 PLC 具有数学运算（含矩阵运算、函数运算、逻辑运算）、数据传送、数据转换、排序、查表、位操作等功能，可以完成数据的采集、分析及处理。这些数据可以与存储在存储器中的参考值比较，完成一定的控制操作，也可以借助通信功能被传送到别的智能装置或打印制表。数据处理一般用于大型控制系统，如无人控制的柔性制造系统，也可用于过程控制系统，如造纸、冶金、食品工业中的一些大型控制系统。

6. 通信及联网

PLC 通信包括 PLC 间的通信及 PLC 与其他智能设备间的通信。随着计算机控制的发展，工厂自动化网络发展得很快，各 PLC 厂商都十分重视 PLC 的通信功能，纷纷推出各自的网络系统。新近生产的 PLC 都具有通信接口，通信非常方便。

1.5　FX 系列 PLC 的硬件

1.5.1　FX 系列 PLC 的型号和外形

1. FX 系列 PLC 的型号

FX 系列 PLC 型号名称的含义如下：

① 子系列序号：即 0、1、2、0S、1S、2N、2C、0N、1N 和 2N。

② 输入、输出的总点数：10～128 点。

③ 单元类型：

M —基本单元；

E —输入输出混合扩展单元及扩展模块；

EX —输入专用扩展模块；

EY —输出专用扩展模块。

④ 输出形式：

R —继电器输出；

T —晶体管输出；

S —晶闸管输出。

⑤ 电源的形式：D 表示 DC 24V 电源，24V DC 输入；无标记为 AC 电源或 24V 直流输入。

横式端子排输出的标准为：继电器输出 2A/点、晶体管输出 0.5A/点、晶闸管输出 0.3A/点。

例如，FX_{1N}-60MT-D 属于 FX_{1N} 系列，有 60 个 I/O 点的基本单元，晶体管输出型，使用 DC 24V 电源。

2. FX 系列 PLC 的外形

FX 系列 PLC 的外形如图 1-16 所示。

PLC 各部分的功能如下。

① 外围设备接线插座（带盖板）。该插座可以连接手持编程器和各种通信电缆，内置一个 PLC 工作方式选择开关 RUN/STOP，开关扳向 RUN 时为运行，开关扳向 STOP 时为停止。

② 电源、输入信号用的端子（带盖板）。

③ 输出信号用的端子（带盖板）。

④ 输入指示灯。

⑤ 输出动作指示灯。

⑥ PLC 的型号。

图 1-16　FX 系列 PLC 外形图

⑦ 动作指示灯。

POWER：电源指示。

RUN：运行指示。

BATT.V：电池电压下降指示，若电池电压下降，该指示灯就亮，特殊辅助继电器 M8006 就工作。

PROG-E：出错指示闪烁（程序出错），在遇到忘记设置定时器/计数器的常数、电路不良、电池电压的异常下降、混入导电性异物等情况使程序存储器的内容有变化时，该指示灯闪烁。

CPU-E：出错指示亮灯（CPU 出错），CPU 失控或当运算周期超过 200ms 时，监视定时器就出错，该 LED 亮灯。

1.5.2　FX 系列 PLC 的特点

1. 体积极小的微型 PLC

FX_{1S}、FX_{1N} 和 FX_{2N} 系列 PLC 的高度为 90mm，深度为 75mm（FX_{1S} 和 FX_{1N} 系列）和 87mm（FX_{2N} 和 FX_{2NC} 系列），它们的体积小，很适合在机电一体化产品中使用。其内置的 DC 24V 电源既可以做输入回路的电源又可以做传感器的电源。

2．先进美观的外部结构

三菱公司的 FX 系列 PLC 吸收了整体式和模块式 PLC 的优点，它的基本单元、扩展单元和扩展模块的高度和深度相同，宽度不同，它们之间用扁平电缆连接，紧密拼装后可以组成一个整齐的长方体。

3．提供多个供用户选用的子系列

FX 系列 PLC 的系列不同，其尺寸、性价比也有很大差异。

4．灵活多变的系统配置

FX 系列 PLC 的系统配置灵活，用户除了可以选用不同的子系列外，还可以通过选用多种基本单元、扩展单元和扩展模块来组成不同的 I/O 点数和不同功能的控制系统。FX 系列 PLC 还有许多特殊模块，例如模拟量输入输出模块、热电阻/热电偶温度传感器用模拟量输入模块、温度调节模块、高速计数模块、CC-Link 系统主站模块、各种通信接口模块等。

5．功能强且使用方便

FX 系列 PLC 内置高速计数器，因此使用脉冲序列指令可以直接控制步进电机，脉冲宽度调制功能可以用于温度或照明灯的调光控制。

FX_{1S} 和 FX_{1N} 系列 PLC 使用 EEPROM，不需要定期更换锂电池，是几乎不需要维护的电子控制装置；FX_{2N} 系列使用带电池后备的 RAM。

1.5.3　FX 系列 PLC 的硬件组成

FX 系列 PLC 的硬件包括基本单元、扩展单元、扩展模块及特殊功能单元。

基本单元（Basic Unit）是构成 PLC 系列的核心部件，内有 CPU、存储器、I/O 模块及电源、通信接口和扩展接口等，这些在 PLC 的基本结构中已经介绍。扩展单元（Extension Unit）是用于增加 PLC I/O 点数的装置，内部设有电源。扩展模块（Extension Module）用于增加 PLC I/O 点数及改变 PLC I/O 点数比例，内部无电源，所用电源由基本单元或扩展单元供给。扩展单元及扩展模块无 CPU，所以它们必须与基本单元一起使用。特殊功能单元（Special Function Unit）是一些专门用途的装置。

限于篇幅，本书只对 FX_{1N} 和 FX_{2N} 系列可编程控制器的基本单元、扩展单元、扩展模块的型号规格做一个简单介绍。

1．FX_{1N} 系列 PLC

FX_{1N} 系列 PLC 有 13 种基本单元（如表 1-1 所示），可以组成 14～128 个 I/O 点的系统，并能使用特殊功能模块、显示模块和扩展模块。用户存储器容量为 8 000 步，有内置的实时钟。

FX_{1N} 系列 PLC 通过通信扩展板或特殊适配器可以实现多种通信和数据链接，例如 CC-Link、AS-i 网络、RS-232C、RS-422 和 RS-485 通信，及 N:N 链接、并行链接、计算机链接和 I/O 链接等。

表 1-1　FX₁N 系列 PLC 的基本单元

AC 电源，DC24V 输入		DC 电源，DC24V 输入		输 入 点 数	输 出 点 数
继电器输出	晶体管输出	继电器输出	晶体管输出		
FX₁N -14MR-001	○	○	○	8	6
FX₁N -24MR-001	FX₁N -24MT-001	FX₁N -24MR-D	FX₁N -24MT-D	14	10
FX₁N -40MR-001	FX₁N -40MT-001	FX₁N -40MR-D	FX₁N -40MT-D	24	16
FX₁N -60MR-001	FX₁N -60MT-001	FX₁N -60MR-D	FX₁N -60MT-D	36	24

2. FX₂N 系列 PLC

FX₂N 系列 PLC 是 FX 系列中功能最强、速度最高的微型 PLC。它的基本指令执行时间可达 $0.08\mu s$，内置的用户存储器为 8 000 步，也可以扩展到 16 000 步，最大可以扩展到 256 个 I/O 点，有多种特殊功能模块和功能扩展板，可以实现多轴定位控制。机内有实时钟，且其 PID 指令可用于模拟量的闭环控制。有功能很强的数学指令集，如浮点数运算、开平方和三角函数等。每个 FX₂N 基本单元可以扩展 8 个特殊单元。

通过通信扩展板或特殊适配器可以实现多种通信和数据链接，如 CC-Link、AS-I、Profibus 和 DeviceNet 等开放式网络通信，RS-232C、RS-422 和 RS-485 通信，N:N 链接、并行链接、计算机链接和 I/O 链接。

FX₂N 系列 PLC 的基本单元有很多种，部分的规格型号如表 1-2 所示；FX₂N 系列 PLC 的扩展单元的规格型号如表 1-3 所示；FX₂N 系列 PLC 的扩展模块的规格型号如表 1-4 所示。

表 1-2　FX₂N 系列 PLC 的基本单元

AC 电源 ，DC 24V 输入			输 入 点 数	输 出 点 数	扩展模块可用点数
继电器输出	晶闸管输出	晶体管输出			
FX₂N-16MR-001	○	FX₂N-16MT	8	8	24～32
FX₂N-32MR-001	FX₂N-32MS-001	FX₂N-32MT	16	16	24～32
FX₂N-48MR-001	FX₂N-48MS-001	FX₂N-48MT	24	24	48～64
FX₂N-64MR-001	FX₂N-64MS-001	FX₂N-64MT	32	32	48～64
FX₂N-80MR-001	FX₂N-80MS-001	FX₂N-80MT	40	40	48～64
FX₂N-128MR-001	○	FX₂N-128MT	64	64	48～64

表 1-3　FX₂N 系列 PLC 的扩展单元

型　　号	总 I/O 数目	输　　入			输　　出	
		数　目	电　压	类　型	数　目	类　型
FX₂N-32ER	32	16	24V 直流	漏型	16	继电器
FX₂N-32ET	32	16	24V 直流	漏型	16	晶体管
FX₂N -48ER	48	24	24V 直流	漏型	24	继电器
FX₂N -48ET	48	24	24V 直流	漏型	24	晶体管
FX₂N -48ER-D	48	24	24V 直流	漏型	24	继电器（直流）
FX₂N -48ET-D	48	24	24V 直流	漏型	24	晶体管（直流）

表 1-4　FX$_{2N}$ 系列 PLC 的扩展模块

型　　号	总 I/O 数目	输　　入			输　　出	
		数　目	电　压	类　型	数　目	类　型
FX$_{2N}$-16EX	16	16	24V 直流	漏型	○	○
FX$_{2N}$-16EYT	16	○	○	○	16	晶体管
FX$_{2N}$-16EYR	16	○	○	○	16	继电器

复习与思考题

1．PLC 是如何定义的？

2．PLC 有哪些功能？

3．与工控机相比，PLC 具有哪些独特的特点？

4．PLC 的硬件主要由哪几部分组成？各部分的主要作用是什么？

5．PLC 的输入、输出信号有哪几种类型？

6．PLC 的输出接口电路有哪几种形式？

7．PLC 对电源的基本要求有哪些？

8．PLC 的系统程序有哪几种？各自的作用是什么？

9．PLC 常用的编程语言有哪几种？

10．什么叫 PLC 的扫描工作方式？

11．PLC 执行程序的过程分几部分？各部分是如何执行的？

12．按结构形式分，PLC 可分为几种？不同结构形式的 PLC 间有什么区别？

13．按 I/O 点数如何对 PLC 进行分类？

14．目前 PLC 的应用情况可以分为哪几类？

15．某一 PLC 的型号及规格为"FX$_{1S}$-30MR"，该 PLC 的输入、输出点数有多少？是基本单元还是扩展模块？输出形式是什么？

16．FX 系列 PLC 中"POWER"、"RUN"、"BATT.V"、"PROG-E"、"CPU-E"信号灯各代表什么含义？

17．FX 系列 PLC 的主要特点是什么？

18．FX 系列硬件系统主要包括哪几部分？

第 2 章

FX 系列 PLC 各种软元件的作用及编号

前面已介绍过 PLC 的工作原理，了解到 PLC 等效电路图中的继电器（包括输入/输出继电器、计数器、定时器及每个存储单元）并不是实际的继电器，它们都可用程序（即软件）来指定，所以称之为软元件。不同厂家、不同系列 PLC，其软元件的功能及编号也不相同，用户在编写程序时，必须首先熟悉所选 PLC 软元件的功能和编号。

2.1 输入/输出继电器

2.1.1 输入继电器（X）的功能

输入继电器是 PLC 用来接收用户设备发来的输入信号的接口，如图 2-1 所示，PLC 的输入端是其内部的输入继电器（X）从外部接收开关信号的端口，实际工程中其输入信号主要是按钮、行程开关、接近开关、各种继电器的触点及各种自动化元件的空接点等。输入端与输入继电器之间是经过光电隔离的。由于输入端与输入继电器是一一对应的，所以有多少个输入继电器就有多少个输入端。

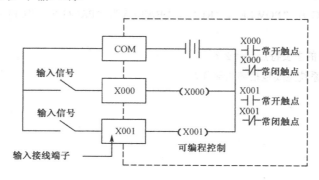

图 2-1　输入继电器动作示意图

在图 2-1 中，当对应于输入端子 X000 的输入信号触点接通时，PLC 内部的 X000 继电器被驱动，其常开触点闭合，常闭触点断开；当对应于输入端子 X000 的输入信号触点由接通转为断开时，PLC 内部的输入继电器的线圈失电，其常开触点断开，常闭触点闭合。

PLC 所有输入继电器只能由从输入端接收的外部信号来驱动，而不能用程序驱动，因此，在用户编写的梯形图中只能出现输入继电器的触点，而不能出现输入继电器的线圈。

PLC 输入继电器是一种电子继电器，其常开触点和常闭触点可重复动作无数次，这与普通电磁式继电器不一样。

2.1.2　输出继电器（Y）的功能

输出继电器（Y）是 PLC 用来将输出信号传送到负载的接口，如图 2-2 所示。每一个输出继电器都有并仅有一对常开触点与相应的 PLC 输出端相连（如输出继电器 Y000 有一对常开触点与 PLC 的输入端子 Y000 相连），此触点称为 PLC 的外部输出触点（有继电器触点、晶闸管、晶体管等输出元件）；并有无数对常开触点和常闭触点供编程时使用，此类触点称为 PLC 的内部触点。输出继电器线圈的通断状态只能在程序内部用指令驱动，输出继电器是 PLC 唯一能驱动外部负载的元件。

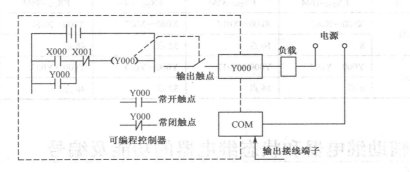

图 2-2　输出继电器动作示意图

2.1.3　输入/输出继电器的编号

输入/输出继电器的编号是由基本单元固有地址和按照与这些地址相连的顺序给扩展设备分配的地址号组成的，这些地址使用八进制数，因此不存在 8、9 这样的数值。

FX 系列 PLC 输入/输出继电器的编号如表 2-1、表 2-2、表 2-3 所示。

表 2-1　FX_{1S} 系列 PLC 输入/输出继电器编号

型　　号	FX$_{1S}$-10M	FX$_{1S}$-14M	FX$_{1S}$-20M	FX$_{1S}$-30M	备　　注
输入继电器	X000～X005	X000～X007	X000～X013	X000～X017	无扩展
	6 点	8 点	12 点	16 点	
输出继电器	Y000～Y003	Y000～Y005	Y000～Y007	Y000～Y015	
	4 点	6 点	8 点	14 点	

表 2-2　FX_{2N} 系列 PLC 输入/输出继电器编号

型　　号	FX$_{2N}$-16M	FX$_{2N}$-32M	FX$_{2N}$-48M	FX$_{2N}$-64M	FX$_{2N}$-80M
输入继电器	X000～X007	X000～X017	X000～X027	X000～X037	X000～X047
	8 点	16 点	24 点	32 点	40 点

续表

型　　号	FX$_{2N}$-16M	FX$_{2N}$-32M	FX$_{2N}$-48M	FX$_{2N}$-64M	FX$_{2N}$-80M
输出继电器	Y000～Y007	Y000～Y017	Y000～Y027	Y000～Y037	Y000～Y047
	8 点	16 点	24 点	32 点	40 点

型　　号	FX$_{2N}$-128M	扩　展　时
输入继电器	X000～X077	X000～X267
	64 点	184 点
输出继电器	Y000～Y077	Y000～Y267
	64 点	184 点

表 2-3　FX$_{2NC}$ 系列 PLC 输入/输出继电器编号

型　　号	FX$_{2NC}$-16M	FX$_{2NC}$-32M	FX$_{2NC}$-64M	FX$_{2NC}$-96M	扩　展　时
输入继电器	X000～X007	X000～X017	X000～X037	X000～X057	X000～X267
	8 点	16 点	32 点	48 点	184 点
输出继电器	Y000～Y007	Y000～Y017	Y000～Y027	Y000～Y037	Y000～Y047
	8 点	16 点	32 点	48 点	184 点

2.2　辅助继电器和状态继电器的功能及编号

2.2.1　辅助继电器（M）的功能及编号

PLC 内有很多辅助继电器（M）。辅助继电器的线圈与输出继电器一样，由 PLC 内部各软元件的触点驱动。辅助继电器的电子常开和常闭触点次数不限，在 PLC 内可自由使用。但是，这些触点不能直接驱动外部负载，外部负载只能由输出继电器驱动。

辅助继电器的编号采用十进制编号，与输入/输出继电器的编号方法有所不同，也就是说在辅助继电器中能存在 8 和 9 这样的编号。

1．通用辅助继电器

通用辅助继电器只能在 PLC 内部起辅助作用，在使用时，除了它不能驱动外部元件外，其他功能与输出继电器类似。图 2-3 所示为通用辅助继电器的梯形图。

FX$_{1S}$ 系列 PLC 通用辅助继电器的编号范围是 M0～M383，共 384 点；而 FX$_{2N}$ 系列 PLC 通用辅助继电器的编号范围是 M0～M499，共 500 点。

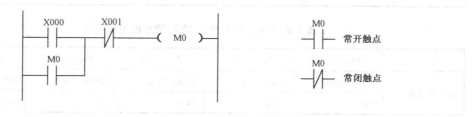

图 2-3　含有通用辅助继电器的梯形图

2．失电保持辅助继电器

PLC 运行中若发生停电，输出继电器和通用继电器将全部为断开状态，通电后再运行时，除 PLC 运行时就接通的触点外，其他触点仍处于断开状态，这使得断电前的运行状态发生了改变。在生产中，有时需要保持失电前的状态，以使来电后再运行时能继续失电前的工作，这时就需要用一种能保存失电前状态的辅助继电器，即失电保持辅助继电器。失电保持辅助继电器并不是真正能在自身电源切断的情况下保存原工作状态，它只是在 PLC 失去外部供电时立即由 PLC 内部的备用电池供电而已。

图 2-4 所示是失电保持辅助继电器的用法举例。在图 2-4（a）中，X000 接通后，M601 动作，其常开触点闭合自锁，即使 X000 再断开，M601 的状态仍将保持不变。即使此时 PLC 失去供电，等 PLC 供电恢复后再运行时只要停电前后 X001 的状态不发生改变，M601 仍能保持动作。注意：M601 的状态不发生变化并不是因为自锁触点的作用，而是因为辅助继电器 M601 有后备电池的缘故。

置位指令（SET）和复位指令（RST）可用瞬时动作使失电保持辅助继电器的状态发生改变（如图 2-4（b）所示）。X000 闭合后即使立即断开，辅助继电器 M601 也将被置位，但只要 X001 闭合，M601 又将复位。

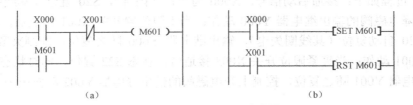

图 2-4　失电保持辅助继电器用法举例

FX$_{2N}$ 系列 PLC 失电保持继电器的编号范围是 M500～M1023，共 524 点；而 FX$_{1S}$ 系列失电保持专用的辅助继电器的编号范围是 M384～M511，共 128 点。

3．特殊辅助继电器

FX 系列可编程控制器中有大量的特殊辅助继电器，这些特殊辅助继电器各自具有特定的功能，它们可分为两大类。

① 只能利用触点的特殊辅助继电器。这类特殊辅助继电器的线圈由 PLC 自动驱动，用户只能利用其触点。例如：

M8000——运行（RUN）监控（PLC 运行时自动接通）；

M8002——初始脉冲（仅在 PLC 运行开始瞬间接通）；

M8005——当 PLC 电池电压过低后接通；

M8011——10ms 时钟脉冲；

M8012——100ms 时钟脉冲；

M8013——1s 时钟脉冲；

M8014——1min 时钟脉冲。

② 可驱动线圈型特殊辅助继电器。这类特殊辅助继电器的线圈可由用户驱动，而线圈被驱动后，PLC 将做特定动作。例如：

M8030——使 BATT LED（后备电池欠电压指示灯）熄灭；

M8033——PLC 停止运行时输出保持；

M8034——禁止全部输出；

M8039——定时扫描。

注意：没有定义的特殊辅助继电器不可在用户程序中使用，其他特殊辅助继电器的功能请参考 FX 系列 PLC 的编程手册。FX$_{1S}$ 系列 PLC 特殊辅助继电器的编号范围是 M8000～8255，共 256 点；FX$_{2N}$ 系列 PLC 特殊辅助继电器的编号范围也是 M8000～M8255。

2.2.2 状态继电器（S）的功能和编号

状态继电器在步进指令程序的编程中是一类非常重要的软元件，它与后述的步进指令顺序控制指令 STL 组合使用。FX 系列 PLC 状态继电器有以下四种类型。

① 初始状态继电器 S0～S9，共 10 点；

② 回零继电器 S10～S19，共 10 点；

③ 通用继电器 S20～S499，共 480 点；

④ 保持状态继电器 S500～S899，共 400 点。

图 2-5 所示是机械手抓取动作的顺序功能图（又称状态转移图，将在步进指令一章中介绍），其动作过程如下：接通启动信号，X000 为 "1"（闭合），S20 置位（其线圈得电），然后，控制下降电磁阀的输出继电器 Y000 动作；当下限位置开关 X001 接通后，状态 S21 置位，状态 S20 自动复位（其线圈失电），输出继电器 Y000 随之复位，控制夹紧电磁阀的输出继电器 Y001 动作；当夹紧限位开关 X002 接通时，状态 S22 置位，同时状态 S21 自动复位，输出继电器 Y001 随之复位，控制上升电磁阀的输出继电器 Y002 动作……

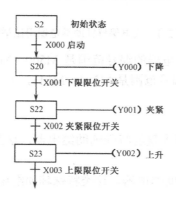

图 2-5　机械手抓取动作顺序功能图

随着状态动作的转移，原来的状态自动复位（线圈失电）。

各状态继电器的常开触点和常闭触点使用次数不限，在 PLC 内可以自由使用。如果不用步进指令，状态继电器 S 可作为辅助继电器在程序中使用。

2.2.3 报警状态继电器

FX 系列 PLC 中的状态继电器除有初始状态、回零、通用、保持的作用外，还有部分状态继电器可用做外部故障诊断输出。作报警器用的状态继电器编号范围为 S900～S999，共 100 点，均为失电保持型。

图 2-6 所示是外部故障诊断程序，监控特殊数据寄存器 D8049 的内容将显示 S900～

S999 中已置位的状态继电器中地址号最小的元件。发生故障时相应的状态就为 ON（接通）；当有多个故障同时发生时，最小地址号的故障排除后还可显示下一个故障的地址号。

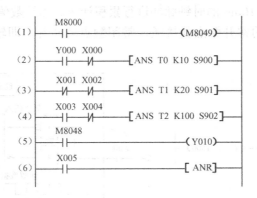

图 2-6　外部故障诊断程序

图 2-6 所示外部故障诊断程序的说明如下：

① 特殊辅助继电器 M8049 驱动后，监控有效；

② 前进输出 Y000 驱动后，若 1s 内前进端检测 X000 没有信号，则 S900 置"1"，其线圈得电；

③ 若上限开关 X001 与下限开关 X002 均未接通的时间超过 2s，则 S901 置"1"；

④ 设在自动运行方式下，机械运行周期不超过 10s，X003 接通后选中自动方式，若在一个运行周期中传感器 X004 一直无动作，则状态继电器 S902 置"1"；

⑤ S900～S999 中任意一个为 ON 时，特殊辅助继电器 M8048 动作，故障显示输出 Y010 动作；

⑥ 由外部故障诊断程序接通的状态继电器，可用复位按钮 X005 复位，X005 每接通一次，已动作的状态继电器按其地址号由小到大依次复位。

有关 ANS 指令和 ANR 指令将在功能指令一章中介绍。

2.3　定时器与计数器的功能及编号

2.3.1　定时器（T）的功能及编号

PLC 内的定时器的作用是累计其内部 1ms、10ms、100ms 等的时钟脉冲，当达到设定值时，输出触点动作，使其常开触点闭合，常闭触点断开。它的功能相当于继电控制系统中的时间继电器。

定时器可以用用户程序存储器内的常数 K 作为设定值，也可将数据寄存器（D）的内容作为设定值。当以数据寄存器的内容作为设定值时，一般使用失电保持的数据寄存器。但应注意：如果 PLC 的锂电池电压降低，定时器、计数器均可能发生误动作。

定时器可分为非积算定时器和积算定时器。

1. 非积算定时器

FX$_2$ 系列 PLC 内有 100ms 非积算定时器 200 点（T0～T199），时间设定值为 0.1～

3 276.7s；有 10ms 非积算定时器 46 点（T200～T245），时间设定值为 0.01～3 276.7s。

图 2-7 所示为非积算定时器原理图。当驱动定时器线圈 T200 的输入端 X000 接通时，T200 的当前值计数器对 10ms 的时钟脉冲进行累积计数。当计数值与设定值 K1500（15s）相等时，定时器的输出的常开触点就接通，常闭触点就断开，即输出触点在驱动线圈后的 15s 时动作。

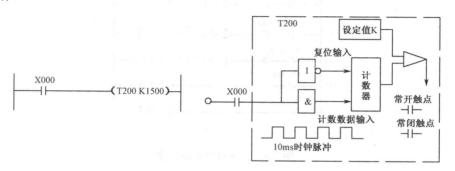

图 2-7　非积算定时器原理示意图

当输入 X000 断开或中途发生停电时，定时器复位，输出触点也复位。

2. 积算定时器

FX_2 系列 PLC 内有 1ms 积算定时器 4 点（T246～T249），时间设定值为 0.001～32.767s；有 100ms 积算定时器 6 点（T250～T255），时间设定值为 0.1～3 276.7s。

图 2-8 所示为积算定时器的原理图。当 X001 接通时，定时器 T250 的线圈被驱动，T250 的当前值计数器开始累计 100ms 时钟脉冲的个数，当计数值与设定值 200 相等时，定时器的输出常开触点接通，常闭触点断开。

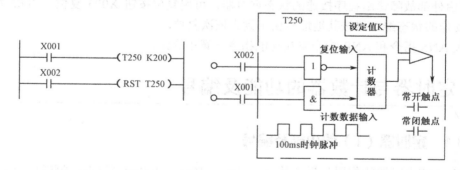

图 2-8　积算定时器原理示意图

在定时器计时的过程中，即使输入 X001 断开或发生停电，当前值也可保持。输入 X001 再接通或复电时，定时器的脉冲计数器继续计数，当累积时间达 20s 时，T250 的触点动作。

任何时候，复位输入 X002 接通，则计数器复位，定时器的输出触点也复位。

2.3.2　计数器（C）的功能和编号

1. 内部信号计数器

内部信号计数器是在执行扫描操作时对内部元件（如 X，Y，M，S，T 和 C）的信号进行计数的计数器。因此，其接通时间和断开时间应比 PLC 扫描周期稍长。

① 16 位增计数器。

FX 系列 PLC 有两种类型的 16 位增计数器：一种是通用计数器 C0~C99，共 100 点；一种是失电保持计数器 C100~C199，共 100 点。它们的设定值均为 K1~K32767。失电保持计数器 C100~C199 即使停电，其当前值和输出点的置位/复位状态也能保持。

应注意：计数器的设定值 K0 与 K1 含义相同，即在第一次计数时，其输出触点动作。

图 2-9 所示为增计数器的动作时序图。X011 为计数输入，X011 每接通一次，计数器的当前值增加 1，当计数器的当前值为 10 时，即计数输入达到 10 次时，计数器 C0 的输出触点接通，之后即使 X011 再接通，计数器的当前值都保持不变。当复位输入 X010 接通时，执行 RST 指令，计数器当前值复位为零，其输出触点也随之复位。

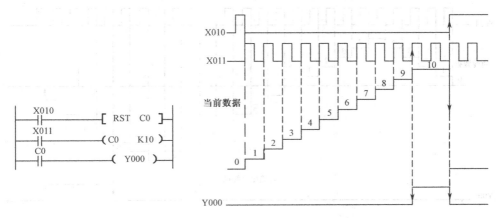

图 2-9　增计数器的动作时序图

计数器的设定值除了可由常数 K 直接设定外，还可以通过指定数据寄存器的元件号来间接设定。例如指定 D125，而 D125 的内容为 250，则与设定 K250 等效。如果将大于设定值的数置入当前值寄存器（例如用 MOV 指令置数），则当计数器输入接通时，计数器将继续计数。其他类型的计数器也具有这种特点。

② 32 位双向计数器。

双向计数器就是既可设置为增计数，又可设置为减计数的计数器。32 位的双向计数器计数值设定范围为 –2 147 483 648~+2 147 483 647。FX$_2$ 系列 PLC 中有两种 32 位双向计数器：一种是通用计数器，元件编号为 C200~C219，共 20 点；一种是失电保持计数器，元件编号为 C220~C234，共 15 点。

失电保持计数器的当前值和输出触点状态在失电时均能保持。32 位计数器可当做 32 位数据寄存器使用，但不能用做 16 位指令中的操作元件。

进行增计数或减计数（即计数方向）由特殊辅助继电器 M8200~M8234 设定，计数器与特殊辅助继电器一一对应，如计数器 C211 对应特殊辅助继电器 M8211。对于计数器 C×××，当 M8××× 接通（置"1"）时为减计数，当 M8××× 断开（置"0"）时为增计数。设定计数值可直接用常数 K，也可间接用数据寄存器 D 的内容作为设定值。但间接设定时，要用元件号紧连在一起的两个数据寄存器。

图 2-10 所示为双向计数器的动作时序。计数器的计数方向由输入信号 X012 决定，X014 作为计数输入，驱动 C200 线圈进行加计数或减计数。

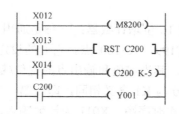

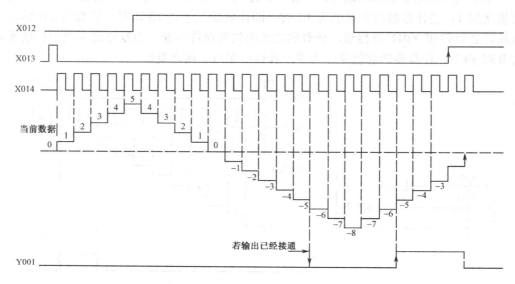

图 2-10 双向计数器的动作时序图

当计数器的当前值由 -6 增加到 -5 时，计数器的触点接通（置位）；由 -5 减小到 -6 时，其触点断开（复位）。

当前值的增减虽与输出触点的动作无关，但由于双向计数器是循环计数器，当前值为 $+2\,147\,483\,647$ 时，若再进行加计数，则当前值就成为 $-2\,147\,483\,648$。同样，当前值为 $-2\,147\,483\,648$ 时，若再进行减计数，则当前值就成为 $+2\,147\,483\,647$。当复位输入 X013 接通时，计数器的当前值变为 0，输出触点也复位。

2. 高速计数器

FX$_2$ 系列 PLC 中共有 21 点高速计数器，元件编号为 C235～C255。这 21 点高速计数器在 PLC 中共享 6 个高速计数器的输入端 X000～X005。当高速计数器的一个输入端被某个计数器占用时，这个输入端就不能再用于另一个高速计数器，也不能用于其他的输入。也就是说，由于只有 6 个高速计数的输入，因此，最多只能同时用 6 个高速计数器。

高速计数器是按中断方式运行的，因而它独立于扫描周期。所选定的计数器的线圈应被连续驱动，以表示这个计数器及其有关输入端应保留，其他高速处理不能再用这个输入端子。各个高速计数器都有其对应的输入端子（如表 2-4 所示）。

表 2-4　高速计数器的输入分配关系

输　　　入		X000	X001	X002	X003	X004	X005	X006	X007
1 相	C235	U/D							
	C236		U/D						
	C237			U/D					
	C238				U/D				
	C239					U/D			
	C240						U/D		
1 相带启动/复位	C241	U/D	R						
	C242			U/D	R				
	C243					U/D	R		
	C244	U/D	R					S	
	C245			U/D	R				S
2 相 双向	C246	U	D						
	C247	U	D	R					
	C248			U	D	R			
	C249	U	D	R				S	
	C250			U	D	R			S
2 相 A-B 相型	C251	A	B						
	C252	A	B	R					
	C253			A	B	R			
	C254	A	B	R				S	
	C255			A	B	R			S

注：① U—增计数器输入；D—减计数器输入；A—A 相输入；B—B 相输入；R—复位输入；S—启动输入。

② X006 和 X007 也是高速输入，但只能用于启动信号，不能用于高速计数。

图 2-11 所示为高速计数器的线圈驱动方式及计数信号输入方式。

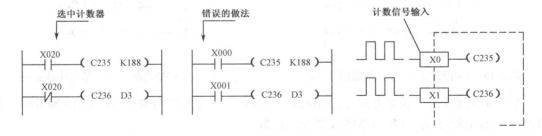

图 2-11　高速计数器的线圈驱动方式及计数信号输入方式

当 X020 接通时，选中高速计数器 C235，根据表 2-4，C235 对应的计数输入端为 X000，因此，计数脉冲应从 X000 输入而不能从 X020 输入。

当 X020 断开时，线圈 C235 断开，同时 C236 接通，选中计数器 C236。C236 的计数脉冲应从 X001 端输入，而不能从 X020 输入。

最容易造成错误的是：将高速信号输入端 X000 和 X001 既当做高速计数器的选中端，

又当做高速计数器的信号输入端（见图 2-11 中的错误做法）。

可见，高速计数器的选择并不是任意的，应根据所需计数器的类型及高速输入的端子来选择。X000～X005 这六个高速输入端中，X000、X002、X003 输入脉冲频率最高为 10kHz，X001、X004、X005 输入脉冲频率最高为 7kHz。从表 2-4 可知，输入端 X006、X007 不能用做高速计数的脉冲输入端，只能作为相应计数器的启动输入端。

高速计数器有 1 相型和 2 相型两类。

（1）1 相型高速计数器。

1 相型高速计数器共有 11 点（C235～C245），所有计数器都是 32 位增/减计数器，即双向计数器，其触点动作方式及计数方向设定与普通 32 位双向计数器相同。做增计数时，当计数值达到设定值时触点动作并保持；做减计数时，当计数值达到设定值时触点复位。

1 相型高速计数器分为 1 相无启动/复位和 1 相带启动/复位两种。计数器的计数方向取决于其对应标志 M8×××，×××为对应计数器的元件号（C235～C245）。

① 1 相无启动/复位计数器。

1 相无启动/复位计数器共有 6 点（C235～C240），每个计数器只用 1 个计数输入端。图 2-12 所示为 1 相无启动/复位计数器的用法示例。

当 X010 接通时，计数方向标志 M8235 为 ON，计数器 C235 设置为减计数；X010 断开时，M8235 为 OFF，计数器 C235 设置为增计数。

当 X011 接通时，C235 复位置 0，C235 触点断开。

当 X012 接通时，计数器 C235 选中，对应计数器 C235 的输入端为 X000，C235 对从 X000 输入的脉冲信号计数。

② 1 相带启动/复位计数器。

1 相带启动/复位计数器共有 5 点（C241～C245），每个计数器各有一个计数输入端和一个复位输入端，计数器 C244 和 C245 还另有一个启动输入端。图 2-13 所示为 1 相带启动/复位计数器的用法示例。

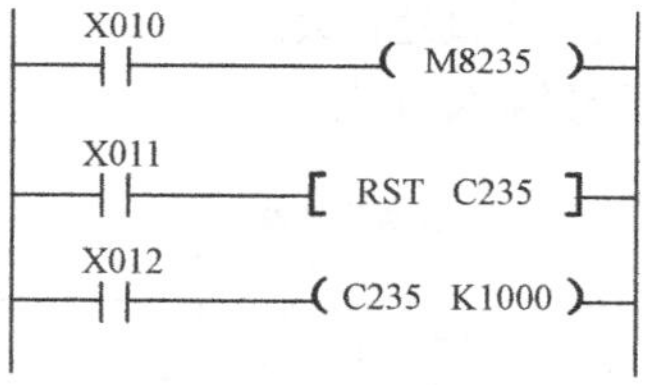

图 2-12　1 相无启动/复位计数器用法示例 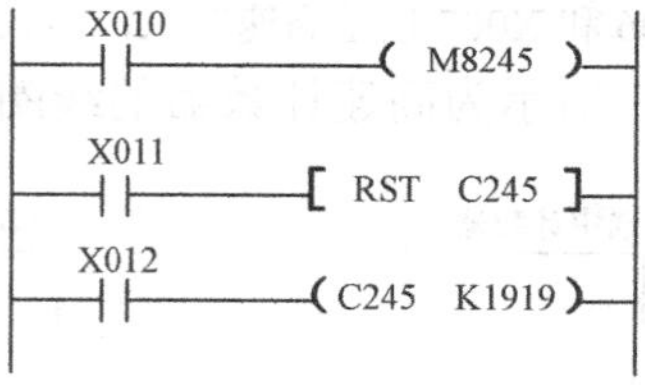　　　　图 2-13　1 相带启动/复位计数器用法示例

当 X010 接通时，计数方向标志 M8245 为 ON，C245 设置为减计数；X010 断开时，计数方向标志 M8245 为 OFF，C245 设置为增计数。

X011 接通时，C245 复位置 0。由表 2-4 可知，计数器 C245 还可由接在输入端 X003 的外部信号复位，而且，C245 的计数还受接在 X007 端的计数启动信号控制。在 X012 接通选中的条件下，当 X007 接通时，C245 开始对从 X002 输入的脉冲信号计数，X007 断开时，C245 停止计数。

（2）2 相型高速计数器。

2 相型高速计数器共有 10 点（C246～C255），其中 C246～C250 为 2 相双向计数器，C251～C255 为 2 相 A-B 相计数器。

所谓 2 相，是指这种计数器具有两个计数输入端：一个专门用于增计数信号输入，另一个专门用于减计数信号输入。计数器 C249 和 C250 还具有复位和启动端（如表 2-4 所示）。

限于篇幅，有关 2 相型高速计数器的特点及使用方法请参阅 PLC 的编程手册。

（3）计数器的最高计数频率。

计数器的最高计数频率受两个因素制约：一是各个输入端的响应速度，二是全部高速计数器的处理时间。

各输入端的响应速度受硬件限制，不能响应频率非常高的输入信号。当只用其中一个高速计数器时，输入点 X000、X002、X003 的最高输入信号频率为 10kHz，X001、X004、X005 的最高输入信号频率为 7kHz。

全部高速计数器的处理时间是限制高速计数器计数频率的主要因素。高速计数器是采用中断方式运行的，因此，同时使用的计数器数量越少，计数频率就越高。如果某些计数器用比较低的频率计数，则其他计数器就可以较高的频率计数。也就是说，所有高速计数器的计数频率总和不能超过一个定值。

计数频率总和是指同时在 PLC 计数输入端出现的所有输入信号频率之和的最大值。FX$_2$ 系列 PLC 的计数频率总和必须小于 20kHz。

例如：某控制系统选用 C235、C236、C237 三个 1 相计数器（计数信号分别从 X000 端、X001 端、X002 端输入）。X000 端输入的最高计数频率为 0.6kHz，X001 端输入的最高计数频率为 4kHz，X002 端输入的最高计数频率为 10kHz，则频率总和为 14.6kHz，低于频率总和 20kHz 的限制，因此，此系统所选用的三个计数器均能正常计数。

对于 2 相双向计数器，由于在使用中的某一特定时刻只能用 1 相信号，故可按单相计数器计算方法来计算频率总和。如果确有可能，增减计数信号脉冲同时送入计数器，则应按 2 相信号计数器计算频率总和。

当使用具有顺时针和逆时针输出形式的旋转编码器时，双向计数器的计数频率可以比 A-B 相型计数器的计数频率高得多，而不会影响计数结果。

对于 A-B 相型计数器，当使用 1 个或者 2 个这种计数器后，一般就不要用高于 2kHz 的频率对其计数。在计算它的计数频率总和时，应将每个计数器的输入信号频率乘以 4 再与其他计数器的计数频率相加。

例如：某系统选用 1 相计数器 C237，2 相双向计数器 C246，2 相 A-B 相计数器 C255 各一个。C237 的对应输入端为 X002，输入信号最高频率为 3kHz，C246 的对应输入端为 X000 和 X001，输入信号最高频率为 8kHz，C255 的对应输入端为 X003 和 X004，输入信号最高频率为 2kHz，则三个计数器的计数频率总和为：

$$3+8+(2\times4)=19kHz$$

虽然 19kHz 的频率总和低于 20kHz 的限制，但双向计数器 C246 的输入 X001 的硬件响应频率最高为 7kHz，所以 C246 的信号频率必须从 8kHz 降为 7kHz，否则计数器将不能正常工作。

综上所述，当只使用一个计数器时，计数输入的最高频率为：1 相——10kHz；双向——7kHz；A-B——2kHz。当同时使用多个计数器时，输入信号频率总和必须低于 20kHz。在计算频率总和时，A-B 相计数器输入频率应乘以 4。

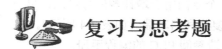 复习与思考题

1. FX$_2$ 系列 PLC 中共有几种类型的辅助继电器？这些辅助继电器各有什么特点？

2. 概括说明 PLC 中积算定时器与非积算定时器的相同之处与不同之处。

3. FX$_2$ 系列 PLC 中共有几种类型的计数器？它们各有什么特点？

4. 某控制系统共选用了 C5、C236、C243 三个计数器，它们的计数信号应分别从哪个输入端子输入？

5. 某控制系统共选用了 C237、C246、C253 三个计数器，它们的计数信号应分别从哪个输入端子输入？

6. 若控制系统同时选用 C237、C246、C253 三个高速计数器，假设它们的最高计数信号频率分别为 7.5kHz、5.5kHz、1.8kHz，该系统能否正常运行？为什么？

FX 系列 PLC 的基本指令及其程序的编写

PLC 编程语言中，最常用的语言是梯形图和指令语句表。由于梯形图形式上与继电器的常规控制很相似，读图方法和习惯也相同，加之计算机的迅速发展和普及，梯形图与指令语句表可以互换，原来将程序写入到 PLC 绝大部分是通过 PLC 专用编程器用指令语句表一句句输入，目前可通过计算机与 PLC 通信直接将程序一次性写入到 PLC 中，所以梯形图是使用最多的编程方法。图 3-1（a）和（b）是一段程序的梯形图和对应的指令语句表。

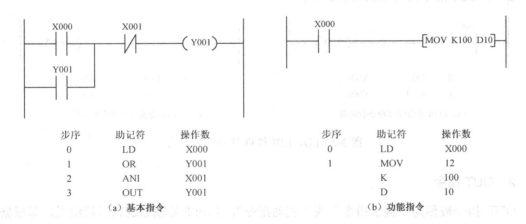

步序	助记符	操作数
0	LD	X000
1	OR	Y001
2	ANI	X001
3	OUT	Y001

（a）基本指令

步序	助记符	操作数
0	LD	X000
1	MOV	12
	K	100
	D	10

（b）功能指令

图 3-1　梯形图和对应的指令语句表示例

PLC 的指令有基本指令和功能指令之分，图 3-1（a）所给出的每一条指令都属于基本指令。基本指令一般由助记符和操作元件组成：助记符是每一条基本指令的符号，它表明了操作功能；操作元件是基本指令的操作对象。

功能指令是一系列完成不同功能子程序的指令。功能指令主要由功能指令助记符和操作元件两大部分组成，如图 3-1（b）所示。本章主要介绍工控行业常用的 FX 系列 PLC 的基本指令的形式、功能和编程方法。

3.1 FX 系列 PLC 基本指令及编程方法

PLC 的基本指令是最常用的指令，FX 系列 PLC 的基本指令共有 20 条，按指令的功能可分为基本逻辑指令、多路输出指令、置位和复位指令、脉冲微分指令及空操作与程序结束指令。

3.1.1 基本逻辑指令

这一类指令主要用于表示触点之间的逻辑关系和驱动线圈。

1. LD 指令和 LDI 指令

在梯形图中，每个逻辑行都是从左母线开始的，并通过各类常开触点或常闭触点与左母线连接，这时，对应的指令为 LD 指令与 LDI 指令。

① LD 指令被称为"取指令"，其功能是使常开触点与左母线直接相连。

② LDI 指令被称为"取反指令"，其功能是使常闭触点与左母线直接相连。

"LD"为取指令的助记符；"LDI"为取反指令的助记符。LD 指令与 LDI 指令的操作元件可以是输入继电器 X、输出继电器 Y、辅助继电器 M、状态继电器 S、定时器 T 和计数器 C 中的任何一个。

LD 和 LDI 指令的使用如图 3-2 所示。

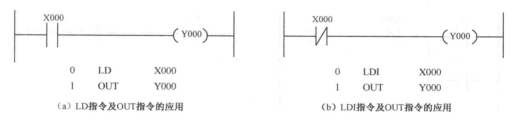

| 0 | LD | X000 |
| 1 | OUT | Y000 |

（a）LD指令及OUT指令的应用　　　　（b）LDI指令及OUT指令的应用

图 3-2　LD、LDI 和 OUT 指令的应用

2. OUT 指令

OUT 指令被称为"输出指令"或"驱动指令"，其功能是输出逻辑运算结果，即根据逻辑运算结果去驱动一个指定的线圈。驱动指令的操作元件可以是输出继电器 Y、辅助继电器 M、状态继电器 S、定时器 T 和计数器 C 中的任何一个。

驱动指令的使用如图 3-2 所示，以图 3-2（a）为例，当输入继电器 X000 的常开触点接通时（为"1"），PLC 执行 OUT Y000 指令，输出继电器 Y000 线圈被驱动，则其常开触点接通，常闭触点断开。

OUT 指令的使用说明如下：

① 该指令不能用于驱动输入继电器，因为输入继电器的状态是由输入信号决定的。

② OUT 指令可以连续使用，称为并行输出，且不受使用次数的限制（如图 3-3 所示）。

③ 定时器 T 和计数器 C 使用 OUT 指令后，还需有一条常数设定值语句（如图 3-3 所示）。

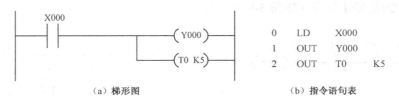

図 3-3 应用示例

3. AND 指令和 ANI 指令

在程序中，当软继电器的常开触点或常闭触点串联时，就应使用 AND 指令或 ANI 指令。

AND 指令被称为"与指令"，其功能是使软继电器的常开触点与其他软继电器的触点相串联。

ANI 指令被称为"与非指令"或"与反指令"，其功能是使继电器的常闭触点与其他触点相串联。

AND 指令与 ANI 指令的操作元件可以是输入继电器 X、输出继电器 Y、辅助继电器 M、状态继电器 S、定时器 T 和计数器 C 中的任何一个。

AND 指令的使用如图 3-4 所示。输入继电器 X000 和 X001 的常开触点串联，它们之间的逻辑关系是"与"，当 X000 常开触点与 X001 常开触点都闭合（逻辑运算结果为"1"）时，输出继电器 Y001 的线圈才能被驱动。

ANI 指令的使用如图 3-5 所示。辅助继电器 M0 的常开触点和输入继电器 X001 的常闭触点串联，它们之间的逻辑关系仍是"与"，常闭触点的逻辑是"非"逻辑，当 M0 常开触点闭合且 X001 常闭触点也闭合时，逻辑运算结果为"1"，输出继电器 Y002 的线圈被驱动。

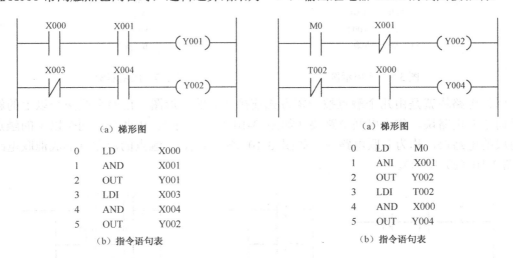

図 3-4 AND 指令的应用 図 3-5 ANI 指令的应用

AND 指令与 ANI 指令使用说明如下：

① AND 指令和 ANI 指令可以连续使用，并且不受使用次数的限制（如图 3-6 所示）。

② 如果在 OUT 指令之后，再通过触点对其他线圈使用 OUT 指令，称之为纵接输出。如图 3-7 所示，X001 的常开触点与 M1 的线圈串联后，与 Y000 线圈并联，就是纵接输出。这种情况下，X001 仍可以使用 AND 指令，并可多次重复使用（如图 3-8 所示）。

③ 当继电器的常开触点或常闭触点与其他继电器的触点组成的电路块串联时，也可以

使用 AND 指令或 ANI 指令（如图 3-9 所示）。

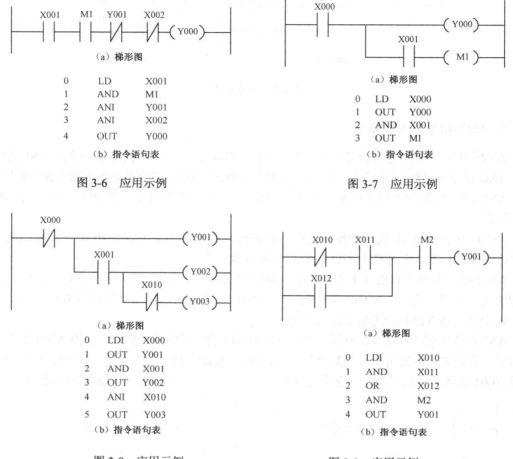

图 3-6　应用示例　　　　　　　　　　　图 3-7　应用示例

图 3-8　应用示例　　　　　　　　　　　图 3-9　应用示例

所谓电路块就是由几个触点按一定方式连接而成的梯形图。由两个或两个以上的触点串联而成的电路块，称为串联电路块（如图 3-10（a）所示）。由两个或两个以上的触点并联而成的电路块，称为并联电路块（如图 3-10（b）所示）。触点的混联就形成混联电路块（如图 3-10（c）所示）。

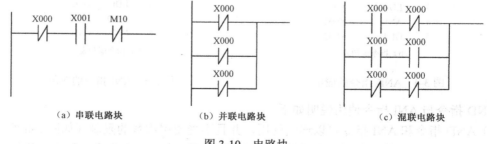

（a）串联电路块　　　　　　　（b）并联电路块　　　　　　　（c）混联电路块

图 3-10　电路块

4．OR 指令和 ORI 指令

在梯形图中，继电器的常开触点或常闭触点与其他继电器的触点并联时，使用 OR 指令

或 ORI 指令。

OR 指令被称为“或指令”，其功能是使软继电器的常开触点与其他继电器的触点并联。

ORI 指令被称为“或非指令”或“或反指令”，其功能是使继电器的常闭触点与其他继电器的触点并联。

OR 指令和 ORI 指令的操作元件可以是输入继电器 X、输出继电器 Y、辅助继电器 M、状态继电器 S、定时器 T 和计数器 C 中的任何一个。

OR 指令的使用如图 3-11 所示。输入继电器 X000 和 X001 的常开触点并联，它们之间的逻辑关系是“或”逻辑。当 X000 常开触点或 X001 常开触点中有一个是闭合时，输出继电器 Y002 的线圈就被驱动。

ORI 指令的使用如图 3-12 所示，当辅助继电器 M1 的常开触点闭合或定时器 T1 的常闭触点闭合时，输出继电器 Y000 的线圈被驱动。

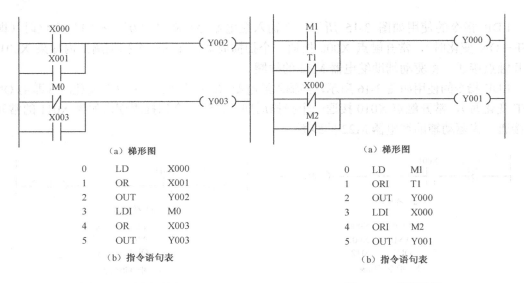

0	LD	X000
1	OR	X001
2	OUT	Y002
3	LDI	M0
4	OR	X003
5	OUT	Y003

（a）梯形图
（b）指令语句表

图 3-11　应用示例

0	LD	M1
1	ORI	T1
2	OUT	Y000
3	LDI	X000
4	ORI	M2
5	OUT	Y001

（a）梯形图
（b）指令语句表

图 3-12　应用示例

OR 指令与 ORI 指令使用说明如下。

① OR 指令和 ORI 指令可以连续使用，并且不受使用次数的限制（如图 3-13 所示）。

② 当继电器的常开触点或常闭触点与其他继电器的触点组成混联电路块时，也可使用 OR 指令或 ORI 指令，如图 3-14 所示。图中 X000 的常开触点与 M0 的常闭触点串联组成串联电路块，X001 和 X003 常开触点并联后与串联电路块组成一个混联电路块。

5. LDP 指令和 LDF 指令

LDP 指令为上升沿检出运算开始指令，其功能是在与左母线相连指定的触点上升沿时（由 OFF→ON 变化时，即由不通变为接通时），接通一个扫描周期，即取脉冲上升沿。

LDF 指令为下降沿检出运算开始指令，其功能是在与左母线相连指定的触点下降沿时（由 ON→OFF 变化时，即由接通变为不通时），接通一个扫描周期，即取脉冲下降沿。

LDP 指令和 LDF 指令的操作元件可以是输入继电器 X、输出继电器 Y、辅助继电器 M、状态继电器 S、定时器 T 和计数器 C 中的任何一个。

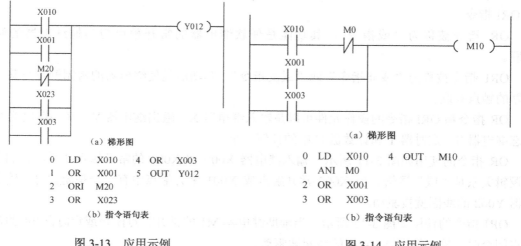

图 3-13 应用示例　　　　　　图 3-14 应用示例

LDP 指令的使用如图 3-15 所示，当输入继电器 X000 由"0"→"1"变化时（即由 OFF→ON 变化时），常开触点 X000 接通一个扫描周期，在这一个扫描周期内如果 X001 的常开触点接通，将驱动辅助继电器 M12 的线圈。

LDF 指令的使用如图 3-16 所示，当输入继电器 X010 由"1"→"0"变化时（即由 ON→OFF 变化时），常开触点 X010 接通一个扫描周期，在这一个扫描周期内如果 X011 的常开触点接通，将驱动辅助继电器 M22 的线圈。

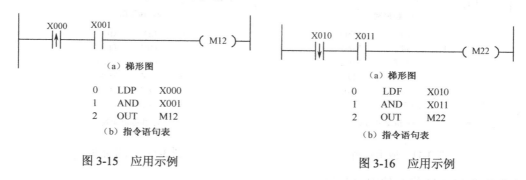

图 3-15 应用示例　　　　　　图 3-16 应用示例

6. ANDP 指令和 ANDF 指令

ANDP 指令为上升沿检出串联连接指令，其功能是在与其他触点串联且指定的软元件的上升沿时（由 OFF→ON 变化时，即由不通变为接通时），接通一个扫描周期，即与脉冲上升沿。

ANDF 指令为下降沿检出串联连接指令，其功能是与其他触点串联且指定的软元件的下降沿时（由 ON→OFF 变化时，即由接通变为不通时），接通一个扫描周期，即与脉冲下降沿。

ANDP 指令和 ANDF 指令的操作元件可以是输入继电器 X、输出继电器 Y、辅助继电器 M、状态继电器 S、定时器 T 和计数器 C 中的任何一个。

ANDP 指令的使用如图 3-17 所示，当输入继电器 X001 有输入时（其常开触点接通），如此时 X000 由"0"→"1"变化（即由 OFF→ON 变化时），常开触点 X000 接通一个扫描周期，在这一个扫描周期内将驱动辅助继电器 M0 的线圈，一个扫描周期过后，即使 X001 接通，辅助继电器 M0 的线圈也将复位（"失电"）。

ANDF指令的使用如图3-18所示，当输入继电器X011有输入时（其常开触点接通），如此时X010由"1"→"0"变化（即由ON→OFF变化时），常开触点X010接通一个扫描周期，在这一个扫描周期内将驱动输出继电器Y000的线圈，一个扫描周期过后，即使X011接触通，输出继电器Y000的线圈也将复位（"失电"）。

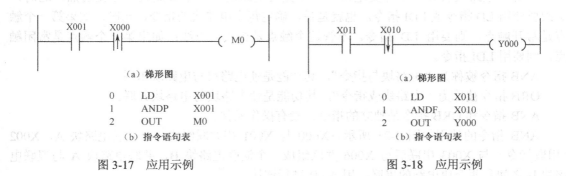

图3-17　应用示例　　　　　　　　　图3-18　应用示例

7. ORP指令和ORF指令

ORP指令为上升沿检出并联连接指令，其功能是与其他触点并联且在指定的软元件的上升沿时（由OFF→ON变化时，即由不通变为接通时），接通一个扫描周期，即或脉冲上升沿。

ORF指令为下降沿检出并联连接指令，其功能是与其他触点并联且在指定的软元件的下降沿时（由ON→OFF变化时，即由接通变为不通时），接通一个扫描周期，即或脉冲上升沿。

ORP指令和ORF指令的操作元件可以是输入继电器X、输出继电器Y、辅助继电器M、状态继电器S、定时器T和计数器C中的任何一个。

ORP指令的使用如图3-19所示，当输入继电器X000由"0"→"1"变化时（即由OFF→ON变化时），常开触点X000接通一个扫描周期，在这一个扫描周期内如果辅助继电器M1的触点接通，将驱动辅助继电器M0的线圈，一个扫描周期过后，辅助继电器M0的线圈将复位（"失电"）。

ORF指令的使用如图3-20所示，当输入继电器X000由"1"→"0"变化时（即由ON→OFF变化时），常开触点X000接通一个扫描周期，在这一个扫描周期内如果辅助继电器M1的触点接通，将驱动辅助继电器M0的线圈，一个扫描周期过后，辅助继电器M0的线圈将复位（"失电"）。

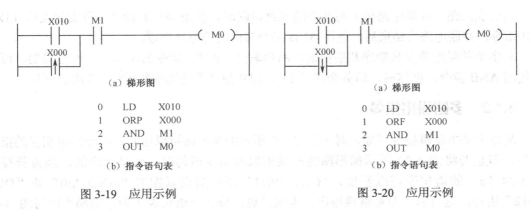

图3-19　应用示例　　　　　　　　　图3-20　应用示例

8. ANB 指令和 ORB 指令

在梯形图中，可能会出现电路块与电路块的串联，或者电路块与电路块的并联的情况，此时，就要用到 ANB 指令或 ORB 指令。

将每个电路块看成一个分支电路，每个分支电路的第一个触点就是分支起点，这时，必须要使用 LD 指令或 LDI 指令。也就是说，确定每个电路块的指令语句时，如果第一个触点是常开触点，则要用 LD 指令，不管这个触点是否接左母线；如果第一个触点是常闭触点，则要用 LDI 指令。

ANB 指令被称为"电路块与指令"，其功能是使电路块与电路块串联。

ORB 指令被称为"电路块或指令"，其功能是使电路块与电路块并联。

ANB 指令和 ORB 指令是独立的指令，没有操作元件。

ANB 指令的使用如图 3-21 所示，X000 与 X001 相并联组成一个并联电路块 A，X002（用取指令）与 X003 串联后与 X006 并联组成一个混联电路块 B，并联电路块 A 与混联电路块 B 之间是两个块电路的串联，用 ANB 进行连接。

ORB 指令的使用如图 3-22 所示，X000 与 X002 相串联组成一个串联电路块 A，X001（用取指令）与 X003 串联组成一个串联电路块 B，串联电路块 A 与串联电路块 B 相并联，用 ORB 指令进行连接。

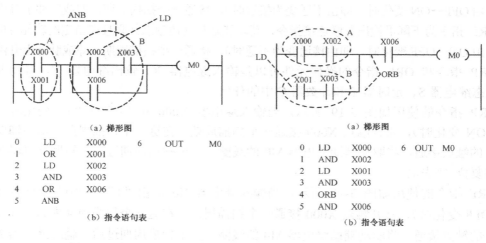

0	LD	X000	6	OUT	M0
1	OR	X001			
2	LD	X002			
3	AND	X003			
4	OR	X006			
5	ANB				

（b）指令语句表

图 3-21　应用示例

0	LD	X000	6	OUT	M0
1	AND	X002			
2	LD	X001			
3	AND	X003			
4	ORB				
5	AND	X006			

（b）指令语句表

图 3-22　应用示例

当分支回路（并联电路块）与前面的回路串联时，使用 ANB 指令；分支起点用 LD、LDI 指令，并联电路块结束后，使用 ANB 指令与前面的电路串联。

若多个并联电路块按顺序和前面的回路串联时，ANB 指令的使用次数没有限制，可成批使用 ANB 指令，但这时，请务必注意 LD、LDI 指令的使用次数限制（8 次以下）。

3.1.2 多路输出指令

从以上基本逻辑指令可知，对于图 3-23 所示的梯形图可以用基本指令写出相应的指令语句，但是若将图 3-24 所示梯形图转换成类似的指令语句时，则是错误的。因为若写出图 3-24（a）的语句表可以看出，"OUT Y011"语句后面紧跟着"AND M0"和"OUT Y012"语句，这可以认为是纵接输出。也就是说，该指令语句表所表示的梯形图与图 3-25

是一致的，但图 3-25 与图 3-24（a）所表示的逻辑关系是不一样的。

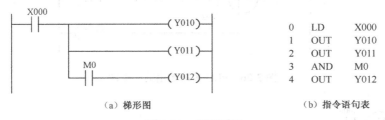

图 3-23　应用示例

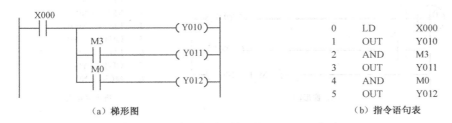

图 3-24　应用示例

图 3-25　应用示例

因此，要正确写出图 3-24 所示的梯形图的指令语句表，则必须学习多路输出指令。多路输出指令是指一个触点或触点组控制多个逻辑行的梯形图结构。如图 3-24（a）所示梯形图中，常开触点 X000 除驱动输出继电器 Y010 的线圈接通外，还控制 Y011 线圈和 Y012 线圈对应的两个逻辑行，触点 X000、M3 和 M0 之间既不是串联关系，又不是并联关系，更不是纵接输出。要写出这种梯形图对应的指令语句表，应采用用于多路输出的指令。多路输出指令共有两组，下面分别介绍。

1．MC/MCR 指令

MC 指令被称为"主控指令"，其功能是通过 MC 指令的操作元件 Y 或 M 常开触点将左母线临时移到一个所需的位置，产生一个临时左母线，形成一个主控电路块。

MCR 指令被称为"主控复位指令"，其功能是取消临时左母线，即将左母线返回到原来位置，结束主控电路块。MCR 指令是主控电路块的终点。

MC 指令的嵌套层数为 N0～N7。如果是多级嵌套，则返回上几级时，一定要按从大到小顺序返回。

采用主控指令对图 3-26 所示梯形图进行编程时，可以将梯形图改画成图 3-27（a）所示形式。

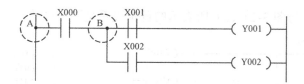

图 3-26　PLC 多路输出的梯形图

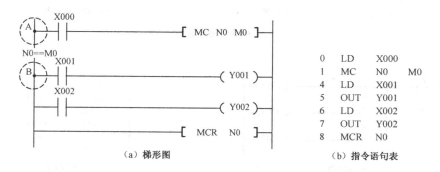

（a）梯形图　　　　　（b）指令语句表

图 3-27　采用 MC/MCR 指令编写的梯形图和指令语句表

在图 3-27（a）所示梯形图中，当常开触点 X000 闭合时，嵌套层数为 N0 的主控指令执行，辅助继电器 M0 的常开触点闭合，此时常开触点 M0 称为主控触点。主控触点只能画在垂直方向，使其有别于只能画在水平方向的普通触点。当主控触点 M0 闭合后，左母线的位置由 A 临时移到 B，接入主控电路块。对主控电路块就可以用前面介绍过的基本指令写出指令语句表。然后，PLC 逐行对主控电路块所有逻辑行进行扫描，执行到"MCR N0"指令时，嵌套层数为 N0 的主控指令结束，临时左母线由 B 点返回到 A 点。如果 X000 常开触点是断开的，则主控电路块这段程序不执行。

例 3-1　用 MC/MCR 指令写出图 3-28 所示的梯形图的指令语句表。

解：在图 3-28 所示梯形图中，左母线在 A 处，通过主控指令将左母线临时移到 B 处，形成第一个主控电路块（嵌套层数为 N0）；再通过主控指令将临时左母线由 B 处移到 C 处，形成第二个主控电路块（嵌套层数为 N1）。D 处 X012 常开触点和 Y003 线圈串联后与 Y002 线圈并联，是属于纵接输出，可以用 AND 指令编程，不需要用主控指令。

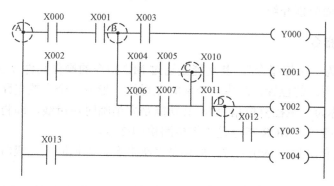

图 3-28　例 3-1 的梯形图

用 MC/MCR 指令编程的梯形图和指令语句表如图 3-29 所示。

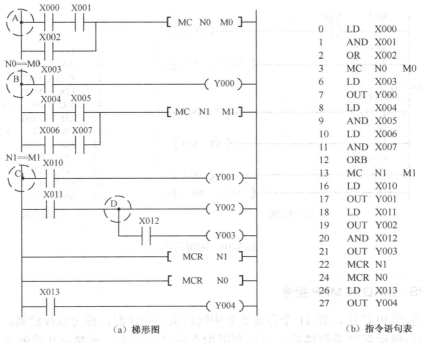

0	LD	X000	
1	AND	X001	
2	OR	X002	
3	MC	N0	M0
6	LD	X003	
7	OUT	Y000	
8	LD	X004	
9	AND	X005	
10	LD	X006	
11	AND	X007	
12	ORB		
13	MC	N1	M1
16	LD	X010	
17	OUT	Y001	
18	LD	X011	
19	OUT	Y002	
20	AND	X012	
21	OUT	Y003	
22	MCR	N1	
24	MCR	N0	
26	LD	X013	
27	OUT	Y004	

（a）梯形图　　　　　　　　　　　　　（b）指令语句表

图 3-29　例 3-1 用 MC/MCR 指令编程的梯形图和指令语句表

用 MC/MCR 指令编程时，MC 指令和 MCR 指令是成对出现、缺一不可的。所以，程序中一定要有主控返回"MCR N0"指令和"MCR N1"指令，而且一定要按"MCR N1"和"MCR N0"顺序排列。

MC 指令和 MCR 指令使用说明如下：

① MC 指令的操作元件可以是输出继电器 Y 或辅助继电器 M，在实际使用时，一般都使用辅助继电器，而不能用特殊继电器。

② 执行 MC 指令后，因左母线移到临时位置，即主控电路块前，所以，主控电路块必须用 LD 指令或 LDI 指令开始写指令语句表，主控电路块中触点之间的逻辑关系可以用触点连接的基本指令表示。

③ MC 指令后，必须用 MCR 指令使左母线由临时位置回到原来位置。

④ MC/MCR 指令可以嵌套使用，即 MC 指令内可以再使用 MC 指令，这时嵌套级编号从 N0 到 N7 按顺序增加，顺序不能颠倒。用 MCR 指令时，必须从大的嵌套级编号开始返回，也就是按 N7 到 N0 的顺序返回，不能颠倒，最后一定是"MCR N0"指令。

⑤ 对于图 3-30 所示的梯形图，当 X000 常开触点接通并执行 MC 与 MCR 之间指令后，常开触点 X000 再次断开，主控电路块中的计数器、积算定时器和 SET 指令驱动的元件将保持当前状态。例如图 3-30（a）中 C1 线圈会保持当前状态，只有用复位指令才能使其断开。如果主控电路块中只有非积算定时器和 OUT 指令驱动的元件，在常开触点 X000 再

断开后，这些元件不会保持当前状态。例如 3-30（a）中的 Y002 线圈和 T1 线圈，就会在常开触点 X000 断开后也断开。

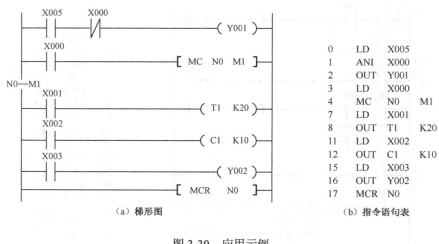

（a）梯形图　　　　　　　　　　　（b）指令语句表

图 3-30　应用示例

2. MPS、MRD 和 MPP 指令

在 FX 系列 PLC 中，有 11 个存储运算中间结果的存储器，称为栈存储器。栈存储器将触点之间的逻辑运算结果存储后，可以利用指令将结果读出，再参与其他触点之间的逻辑运算。

（1）MPS 指令称为"进栈指令"。MPS 指令没有操作元件。

MPS 指令的功能是：将触点的逻辑运算结果推入栈存储器 1 号单元中，存储器每个单元中原来的数据依次向下推移。

执行一次 MPS 指令，完成两个动作（如图 3-31（b）所示）。第一个动作是栈存储器中每个单元的数据依次向下一个单元推移，栈存储器中 11 号单元的结果移出存储器，10 号单元中的结果移至 11 号单元……1 号单元中结果移向 2 号单元，这时腾空 1 号单元，这个动作称为数据下压。第二个动作是将新的逻辑运算结果存入 1 号单元中。

（2）MRD 指令称为"读栈指令"。MRD 指令也没有操作元件。

MRD 指令的功能是：将栈存储器中 1 号单元中的内容读出。

执行 MRD 指令时，栈存储器中每个单元的内容都不发生变化，既不会使数据下压，也不会使数据上托（如图 3-31（c）所示）。

（3）MPP 指令称为"出栈指令"。MPP 指令也没有操作元件。

MPP 指令的功能是：将栈存储器 1 号单元中的结果取出，存储器中其他单元的数据依次向上推移。

在多重输出的最后一个分支采用 MPP 指令时，完成两个动作（如图 3-31（d）所示）。第一个动作是将栈存储器 1 号单元中的结果取出。第二个动作是将 2 号单元中的结果移到 1 号单元中……11 号单元中的结果移到 10 号单元中，这个动作称为数据上托。

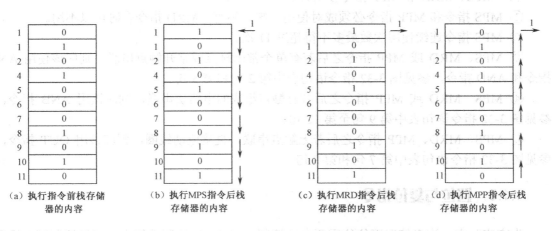

（a）执行指令前栈存储器的内容　（b）执行 MPS 指令后栈存储器的内容　（c）执行 MRD 指令后栈存储器的内容　（d）执行 MPP 指令后栈存储器的内容

图 3-31　执行 MPS、MRD 和 MPP 指令后栈存储器的变化情况

MPS、MRD 和 MPP 指令的使用如图 3-32 所示。

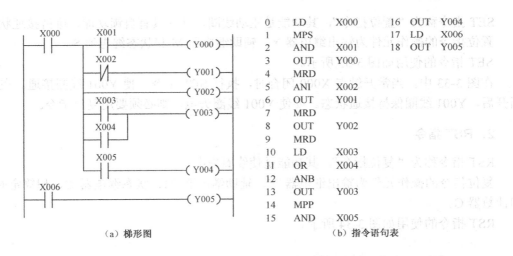

（a）梯形图

0	LD	X000	16	OUT	Y004
1	MPS		17	LD	X006
2	AND	X001	18	OUT	Y005
3	OUT	Y000			
4	MRD				
5	ANI	X002			
6	OUT	Y001			
7	MRD				
8	OUT	Y002			
9	MRD				
10	LD	X003			
11	OR	X004			
12	ANB				
13	OUT	Y003			
14	MPP				
15	AND	X005			

（b）指令语句表

图 3-32　有 MPS、MRD 和 MPP 指令的梯形图和指令语句表

在图 3-32（b）的程序中，使用 MPS 指令后，将常开触点 X000 的逻辑值（X000 闭合为 "1"，X000 断开为 "0"）存入到栈存储器 1 号单元中，同时，这个结果与常开触点 X001 的逻辑值进行 "与" 逻辑运算，运算结果为 "1" 时，线圈 Y000 被驱动。

第一次执行 MRD 指令时，栈存储器中 1 号单元的结果被读出，与多路输出中第二个逻辑行触点 X002 的逻辑值进行 "与" 逻辑运算，其运算结果如果为 "1"，线圈 Y001 将被驱动。第二次执行 MRD 指令时，栈存储器 1 号单元中的结果如果为 "1"，将直接驱动线圈 Y002。第三次执行 MRD 指令时，栈存储器 1 号单元中的结果与多路输出第四个逻辑行中的电路块进行 "与" 逻辑运算，如果运算结果为 "1"，将驱动线圈 Y003。

在执行 MPP 指令后，栈存储器 1 号单元中的内容被取出，与多路输出最后一个逻辑行中触点 X005 的逻辑值进行 "与" 逻辑运算，如果运算结果为 "1"，将驱动线圈 Y004。执行这一条指令后，栈存储器中数据发生上托。

（4）MPS、MRD 和 MPP 指令使用说明。

① MPS 指令和 MPP 指令必须成对使用，缺一不可，MRD 指令有时可以不用。

② MPS 指令连续使用次数最多不得超过 11 次。

③ MPS、MRD 或 MPP 指令之后若有单个常闭触点或常开触点串联，则应该使用 ANI 指令和 AND 指令，参见图 3-32 指令语句表中第 2 句和第 5 句。

④ MPS、MRD 或 MPP 指令之后若有触点组成的电路块串联，则应该用 ANB 指令，参见图 3-32 指令语句表中第 9 句至第 12 句。

⑤ MPS、MRD、MPP 指令之后若无触点串联，直接驱动线圈，则应该用 OUT 指令，参见图 3-32 指令语句表中第 7 句和第 8 句。

3.1.3 置位与复位指令

生产实际中，许多情况下往往需要自锁控制。在 PLC 控制系统中，自锁控制可以用置位指令实现。

1. SET 指令

SET 指令称为"置位指令"，其功能是驱动线圈，使其具有自锁功能，维持接通状态。

置位指令的操作元件为输出继电器 Y、辅助继电器 M 和状态继电器 S。

SET 指令的使用如图 3-33 所示。

在图 3-33 中，当常开触点 X000 闭合时，执行 SET 指令，使 Y001 线圈接通。在 X000 断开后，Y001 线圈保持接通状态。要使 Y001 线圈失电，则必须要用复位指令。

2. RST 指令

RST 指令称为"复位指令"，其功能是使线圈失电。

复位指令的操作元件为输出继电器 Y、辅助继电器 M、状态继电器 S、积算定时器 T 和计数器 C。

RST 指令的使用如图 3-34 所示。

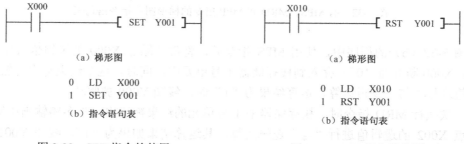

（a）梯形图	（a）梯形图
0　LD　X000 1　SET　Y001	0　LD　X010 1　RST　Y001
（b）指令语句表	（b）指令语句表

图 3-33　SET 指令的使用　　　　图 3-34　RST 指令的使用

假设 X010 接通之前 Y001 的线圈接通，当 X010 常开触点闭合时，PLC 执行 RST 指令，使 Y001 线圈失电。

例 3-2　利用 SET 和 RST 指令编写一段可以对三相异步电动机实现自锁的控制程序。

解: ① 分配 PLC 的输入点和输出点（如表 3-1 所示），并画出 PLC 的接线示意图（如图 3-35 所示）。

表 3-1　例 3-2 PLC 输入和输出点分配表

输入信号			输出信号		
名　　称	代　　号	输入点编号	名　　称	代　　号	输出点编号
启动按钮	SB1	X001	接触器	KM	Y000
停止按钮	SB2	X002			

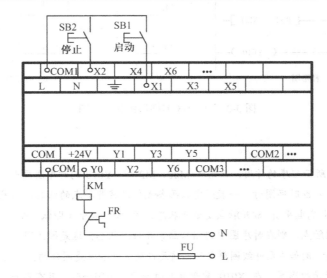

图 3-35　例 3-2 PLC 接线示意图

② 画出的梯形图如图 3-36（a）所示。当按下 SB1 启动按钮时，输入继电器 X001 线圈接通，X001 常开触点闭合，执行"SET Y000"指令，使 Y000 线圈接通，Y000 常开触点闭合，Y000 产生输出信号，使接触器 KM 带电，KM 主触点闭合，电动机启动运转。SB1 松开后，虽然 X001 常开触点断开，但 Y000 线圈继续保持接通状态，电动机连续运转，实现自锁控制。

要使电动机停止运行，只需按下 SB2 按钮，输入继电器 X002 线圈接通，X002 常开触点闭合，"RST Y000"指令执行，使 Y000 线圈复位，Y000 常开触点断开，接触器 KM 线圈失电，KM 主触头断开，电动机停止运行。

③ 写出指令语句表（如图 3-36（b）所示）。

（a）梯形图　　　　　　　　　（b）指令语句表

图 3-36　例 3-2 PLC 控制程序

例 3-3　根据图 3-37 所示梯形图和 X010 的时序图，画出 M20、M21 和 Y010 的时序图，并分析所给梯形图的作用。

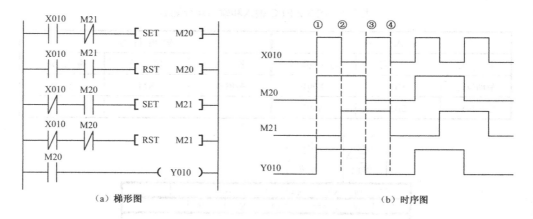

（a）梯形图　　　　　　　　　　（b）时序图

图 3-37　例 3-3 的梯形图和时序图

解：

要了解图 3-37 所示程序的作用，只需将 M20、M21 和 Y010 的时序图画出，分析它们的动作情况，就能得到结论。在画时序图时，一般规定只画各元件的常开触点的状态。如果常开触点是闭合状态，用"1"表示（即高电平）；常开触点是断开状态，用"0"表示（即低电平）。假如梯形图中只有某元件的线圈或常闭触点，则在时序图中仍然只画常开触点状态，这是因为同一个元件的线圈和触点的状态是互相关联的。例如某元件线圈得电时，该元件的常开触点是闭合的，常闭触点是断开的。

根据图 3-37 所示梯形图，在 X010 常开触点由断开变为闭合时，只有第一个逻辑行中两个触点（X010 常开触点和 M21 常闭触点）都闭合，"SET M20"这一条指令才被执行，因此，M20 线圈被驱动，M20 常开触点闭合，进而，Y010 线圈也接通，Y010 常开触点闭合。所以，在图 3-37（b）所示时序图①的位置所对应的时刻，M20 由"0"变为"1"，Y010 也由"0"变为"1"。

在 X010 常开触点由闭合变为断开时，X010 常闭触点就由断开恢复成闭合，这一时刻，梯形图中第三个逻辑行的两个触点都是闭合状态，"SET M21"指令被执行，使 M21 线圈被驱动，M21 常开触点闭合。因此，在时序图中②的位置，M21 由"0"变为"1"。

当 X010 常开触点又由断开变为闭合时，梯形图中只有第二个逻辑行的两个触点都闭合，因此RST M20 指令被执行，使 M20 线圈复位，M20 常开触点断开，Y010 线圈复位，Y010 常开触点断开。因此，在时序图中③的位置，M20 由"1"变为"0"，Y010 也由"1"变为"0"。

同样可以分析出时序图中④位置的结果。其他状态则都是这几种情况的重复。从完整的时序图可以看出，输出信号 Y010 的频率是输入信号 X010 的频率的一半，实现了二分频。

例 3-4　根据图 3-38 所示的梯形图，画出 X000、X001、C0、Y001 的时序图，并加以说明。

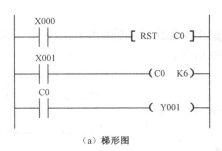

（a）梯形图

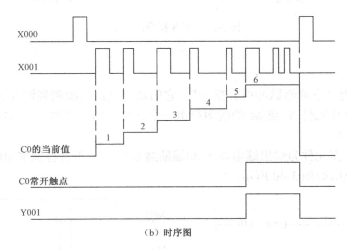

（b）时序图

图 3-38　例 3-4 的梯形图和时序图

解：

如图 3-38（a）所示，图中 X001 是计数输入，C0 的常数设定值是 K6，只要 X001 接通一次，C0 的当前值数据寄存器就累加 1。数据寄存器的数据为计数输入接通次数，称为计数器的当前值。当 X001 接通 6 次时，当前值就等于计数器的常数设定值，这时，C0 线圈得电，C0 的常开触点闭合，使 Y001 线圈得电，Y001 常开触点闭合。时序图如图 3-38（b）所示，在 X001 连续 6 个脉冲的前沿，C0 由 "0" 变为 "1"。

梯形图中，X000 是计数器的复位信号，当 X000 常开触点闭合，"RST C0" 指令执行，计数器 C0 被复位，C0 线圈失电，其常开触点断开，C0 当前值也恢复到零。

3.1.4　脉冲微分指令

脉冲微分指令主要用于检测输入脉冲的上升沿或下降沿，当条件满足时，产生一个很窄的脉冲信号输出。

1. PLS 指令

PLS 指令称为"上升沿脉冲微分指令"。它的功能是：当检测到输入脉冲的上升沿时，PLS 指令的操作元件 Y 或 M 的线圈在一个扫描周期内得电，产生一个宽度为一个扫描周期的脉冲信号输出。

PLS 指令的操作元件为输出继电器 Y 和辅助继电器 M，不含特殊继电器。

PLS 指令的使用如图 3-39 所示。

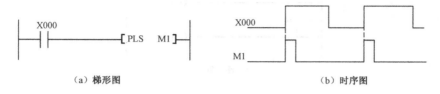

（a）梯形图　　　　　　　　　　　（b）时序图

图 3-39　PLS 指令的用法

2. PLF 指令

PLF 指令称为"下降沿脉冲微分指令"。它的功能是：当检测到输入脉冲信号的下降沿时，PLF 指令的操作元件 Y 或 M 的线圈得电一个扫描周期，产生一个脉冲宽度为一个扫描周期的脉冲信号输出。

PLF 指令的操作元件为输出继电器 Y 和辅助继电器 M，不含特殊继电器。

PLF 指令的使用如图 3-40 所示。

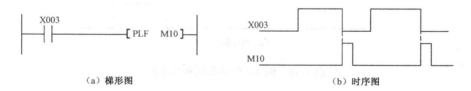

（a）梯形图　　　　　　　　　　　（b）时序图

图 3-40　PLF 指令的用法

PLS 指令和 PLF 指令应用如图 3-41 所示。

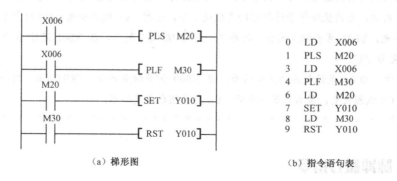

（a）梯形图　　　　　　　　　　　（b）指令语句表

图 3-41　PLS 和 PLF 指令的应用

图 3-41 中 M20、M30、Y010 及 X006 的时序图如图 3-42 所示。

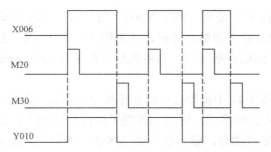

图 3-42　图 3-41 中 M20、M30、Y010 及 X006 的时序图

例 3-5　试设计一电动机 PLC 的过载保持程序，要求电动机过载时，能自动停止运转，并发出报警信号。

解：

假定电动机只需连续正转，用热继电器进行过载保护。

① 分配 PLC 的输入点和输出点。

接线图如图 3-43 所示，其中 HL 是报警灯。

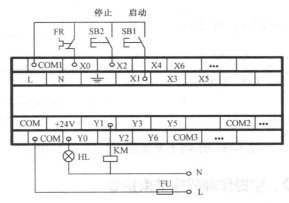

图 3-43　例 3-5 中 PLC 的接线图和输入、输出定义点

② 程序设计。

按要求设计如下程序，如图 3-44 所示。

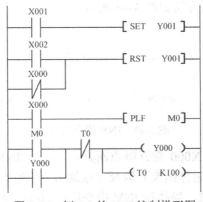

图 3-44　例 3-5 的 PLC 控制梯形图

电动机的连续运转控制，采用"SET Y001"指令程序比较简单。电动机停车控制，是通过 X002 常开触点和 X000 常闭触点并联，并利用"RST Y001"指令实现的。当按下停止按钮 SB2 或热继电器常闭触点断开时，都将执行"RST Y001"指令，使 Y001 线圈复位，电动机停止转动。

为便于分析，现将图 3-44 中报警部分的梯形图单独画出（如图 3-45（a）所示）。

图 3-45（b）是相应的时序图。时序图表明了这段程序的工作过程：当电动机正常工作时，热继电器 FR 常闭触点闭合，输入继电器 X000 线圈得电，X000 常闭触点断开，X000 常开触点闭合，由于没有下降沿，不执行"PLF M0"指令，M0 断开。当过载时，FR 常闭触点断开，输入继电器 X000 线圈失电，X000 常闭触点恢复闭合，执行"RST Y001"指令，使 Y001 线圈断电，Y001 的触点复位，电动机停止工作。在 X000 常开触点断开瞬间，产生一个下降沿，"PLF M0"指令使 M0 线圈持续得电一个扫描周期，M0 常开触点持续闭合一个扫描周期，且使 Y000 和 T0 线圈同时得电。Y000 线圈得电后，使 Y000 常开触点闭合自锁，并接通报警灯。T0 线圈得电后，定时器 T0 开始计时，10s 后，T0 常闭触点断开，使 Y000 和 T0 线圈都失电，报警灯熄灭，停止报警。

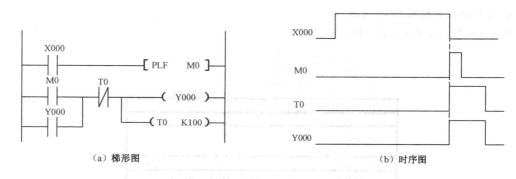

（a）梯形图　　　　　　　　　　　　　　　（b）时序图

图 3-45　例 3-5 报警部分的梯形图和时序图

3.1.5　取反指令、空操作和程序结束指令

1. INV 指令

INV 指令称为取反指令。它的主要功能是：将 INV 指令执行之前的运算结果反转。它不需要指定软元件号，其使用方法如图 3-46 所示。

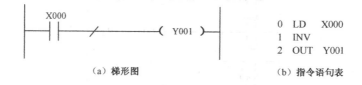

（a）梯形图　　　　　　　　（b）指令语句表

图 3-46　INV 指令的用法

在图 3-46（a）中，如果 X000 常开触点断开，当执行 INV 指令后，相当于将 X000 的当前值（在 INV 指令之前的运算结果）取反（接通），将驱动 Y001 线圈得电（Y001 有输出）；如果 X000 常开触点接通，当执行 INV 指令后，Y001 的线圈不能得电，无输出。

INV 指令使用时应注意以下两点。

① 在能输入 AND 或 ANI、ANDP、ANDF 指令步的相同位置处，可编写 INV 指令。

② INV 指令不能像指令表中的 LD、LDI、LDP、LDF 指令那样与母线连接，也不能像指令表中的 OR、ORI、ORP、ORF 指令那样单独使用。

2．NOP 指令

NOP 指令称为"空操作指令"。它的主要功能是：在调试程序时，取代一些不必要的指令，即删除由这些指令构成的程序。但现在编程器的功能越来越强，修改程序时可直接删除指令而很少使用 NOP 指令。另外，程序中用 NOP 指令可延长扫描周期。

3．END 指令

END 指令称为"结束指令"。END 指令没有操作元件。

END 指令的功能是：执行到 END 指令后，END 指令后面的程序不执行。如图 3-47 所示，PLC 工作过程分为输入处理、程序处理和输出处理三个阶段，当程序处理段执行到 END 指令后便直接运行输出处理。

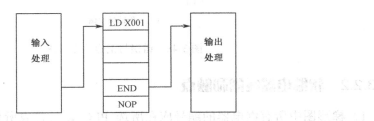

图 3-47　END 指令的功能示意图

在调试程序时，插入 END 指令，可以逐段调试程序，提高程序调试速度。

注意：END 并不是 PLC 的停机指令，该指令仅说明了执行用户程序的一个周期结束。

3.2　可编程控制器编程的基本规则

梯形图是 PLC 最常见的编程语言，梯形图在形式上类似于继电控制电路，但两者在本质上有很大区别。本节主要介绍梯形图编程的一些基本规则。

3.2.1　梯形图的左、右母线

梯形图中最左边的垂直线是左母线，最右边的垂直线是右母线。画梯形图时每一个逻辑行必须从左母线开始，终止于右母线。但是梯形图只是 PLC 形象化的一种编程方法，梯形图中左、右母线之间并不接任何电源，每个逻辑行中并没有实际电流通过，只是假定梯形图中每个逻辑行有假想的电流从左向右流动。

画梯形图时必须遵守以下两点。

① 左母线只能直接接各类继电器的触点，继电器线圈不能直接接左母线。

② 右母线只能直接接各类继电器的线圈（不含输入继电器线圈），继电器的触点不能直接接右母线。

图 3-48（a）所示是错误的梯形图。一个错误是线圈 M1 直接接在左母线上，另一个错

误是常开触点 X001 直接接在右母线上。

如果需要在 PLC 开机后线圈 M1 立即得电，由于 M1 线圈不能直接接在左母线上，此时，必须通过一个未采用的辅助继电器的常闭触点接在左母线上来实现。例如在图 3-48（b）中，M1 线圈通过 M50 的常闭触点接到左母线上。M50 是程序中没有使用的辅助继电器，因此 M50 常闭触点就一直不会断开，这样，既能满足控制要求，又不违反基本原则。另一种处理方法是：M1 线圈通过特殊继电器 M8000 的常开触点接在左母线上，如图 3-48（c）所示。在 PLC 开机后，特殊继电器 M8000 的线圈就一直得电，M8000 的常开触点闭合，使 M1 线圈被驱动，同样满足控制要求。

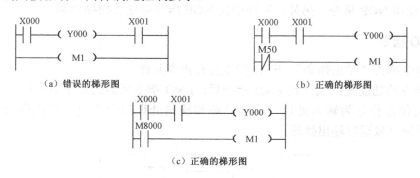

图 3-48　错误与正确的梯形图

3.2.2　软继电器线圈和触点

（1）梯形图中所有继电器的编号应在所选 PLC 软元件表所列范围之内，不能任意选用。一般情况下，同一线圈的编号在梯形图中只能出现一次，而同一触点的编号在梯形图中可以重复出现。

同一编号的线圈在程序中使用两次或两次以上，称为双线圈输出。双线圈输出只有特殊情况下才允许出现。例如下一章用步进指令编写的程序中，就允许同一编号的线圈多次出现。一般程序中如果出现双线圈输出，则容易引起误操作。假如按控制要求画出的梯形图中出现如图 3-49（a）所示的双线圈输出，可以适当改变梯形图，以避免出现双线圈输出，如图 3-49（b）所示。这是因为在系统中，输出的逻辑关系是唯一的。

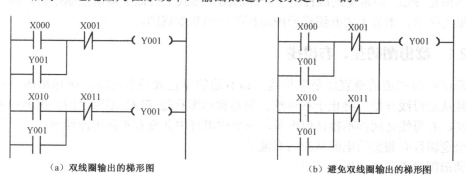

图 3-49　双线圈输出和避免双线圈输出的梯形图

在一段程序中，同一编号继电器的触点可以多次重复使用，不受次数限制，这是因为 PLC 中的继电器并不是物理继电器，而是存储器中的触发器，触点闭合为"1"，断开为

"0"，这实际上是触发器的输出状态。存储器中触发器的状态"1"可以多次引用，而不受使用次数的限制。因此，编程时没有必要为减少某一继电器的触点而增加程序的复杂性，这一点与继电控制线路的设计有很大区别。

（2）梯形图中，只表示输入继电器的触点，输入继电器的线圈是不出现的。这是因为每一个输入继电器的线圈是由对应输入点的外部输入信号驱动的。在图 3-50 中，按钮 SB1 连输入点 X001，当按下 SB1 时，输入点 X001 对应的输入继电器线圈得电，梯形图中所有 X001 的触点接通。

（3）梯形图中，不允许出现 PLC 所驱动的负载（例如指示灯，电磁阀线圈、接触器线圈等），只能出现相应输出继电器的线圈。输出继电器线圈得电时，表示相应输出点有信号输出，相应负载被驱动。

在图 3-50 中，KM 线圈接在输出点 Y000 上，当 Y000 线圈得电时，Y000 有信号输出，PLC 的负载 KM 线圈得电。对 PLC 来说，KM 是外部元件，因而 KM 线圈决不允许出现在梯形图中。

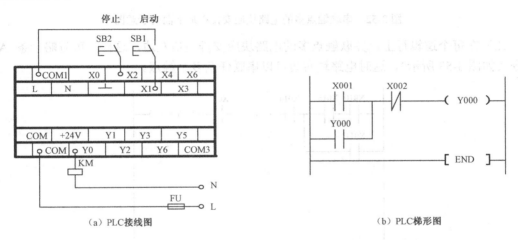

（a）PLC接线图　　　　　　　　（b）PLC梯形图

图 3-50　在梯形图中不能反映输入继电器线圈的示意图

由此可得出结论：在设计梯形图之前，一定要根据控制系统所有的输入信号和输出信号，分配 PLC 的输入点和输出点，也就是使每一个输入控制信号对应一个输入继电器，每一个输出信号对应一个输出继电器。

（4）梯形图中，所有触点都应按从上到下、从左到右的顺序排列，并且触点只允许画在水平方向（主控触点除外），如图 3-51 所示。

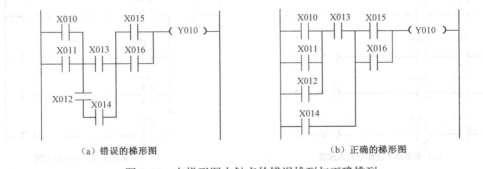

（a）错误的梯形图　　　　　　　　（b）正确的梯形图

图 3-51　在梯形图中触点的错误排列与正确排列

3.2.3 合理设计梯形图

（1）在每个逻辑行上，串联触点多的电路块应安排在最上面，这样，可省略一条 ORB 指令（如图 3-52 所示），这时电路块下面可并联任意多的单个触点。

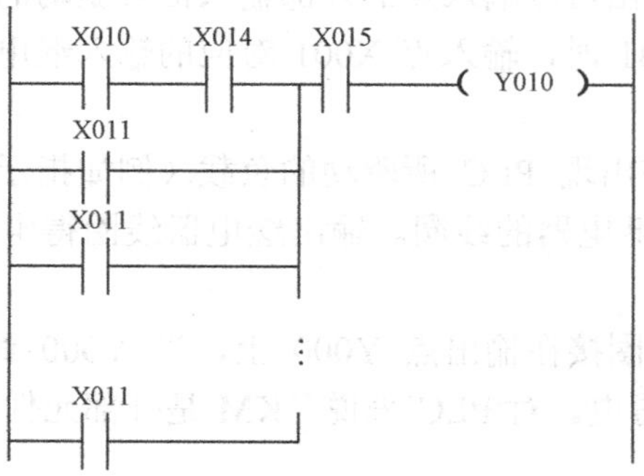

图 3-52 串联触点多的电路块应安排在最上面的示意图

（2）在每个逻辑行上，并联触点多的电路块应安排在最左边，这样，可省略一条 ANB 指令（如图 3-53 所示），这时电路块右边可以串联任意多个触点。

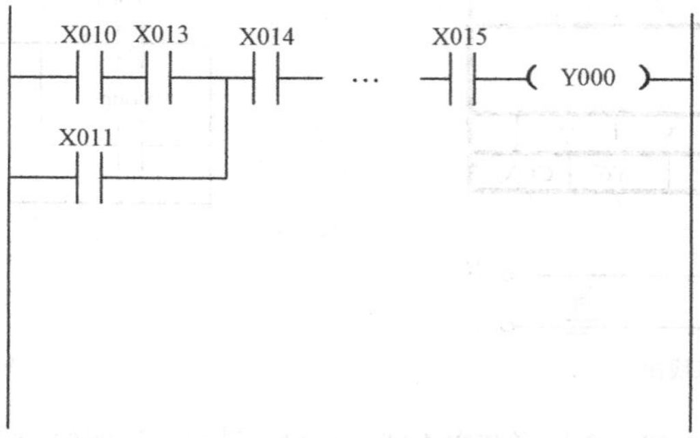

图 3-53 并联触点多的电路块应安排在最左边的示意图

（3）如果多个逻辑行中都具有相同的控制条件，可将每个逻辑行中相同的部分合并在一起，共用一个控制条件，以简化梯形图（如图 3-54 所示）。这时采用主控指令编程，可以省略多条重复的指令。

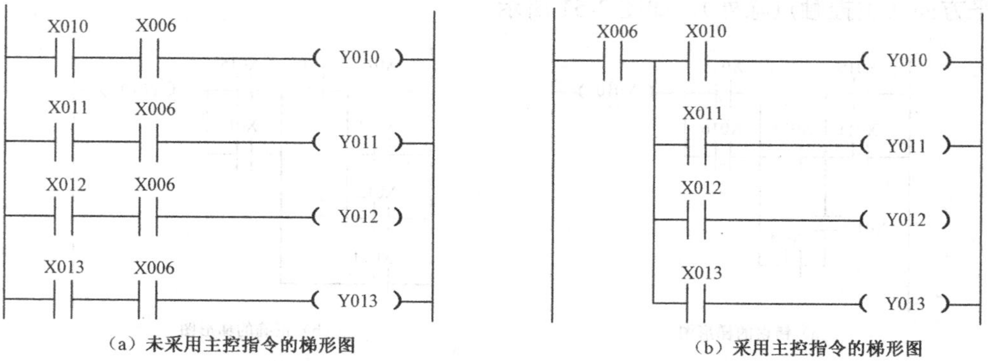

（a）未采用主控指令的梯形图　　　　　　（b）采用主控指令的梯形图

图 3-54 简化梯形图

（4）设计梯形图时，一定要了解 PLC 的扫描工作方式：即在程序处理阶段，对梯形图按从上到下、从左到右的顺序逐行扫描处理，不存在几条并列支路同时动作的情况。这一点有别于继电控制线路。掌握这一点，可设计出较简单的梯形图。

例如，用 PLC 控制三相异步电动机 Y-△降压启动（如图 3-55 所示）。现根据 PLC 是以扫描方式按顺序执行程序的基本原理，按 Y-△启动动作的先后顺序，从上到下逐行画出梯形图，这样设计的梯形图往往比由继电控制电路改画而成的梯形图更加清晰简洁（如图 3-56 所示）。

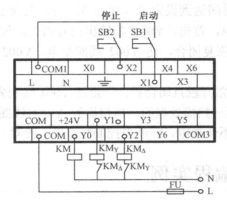

图 3-55　PLC 控制电动机 Y-△降压启动的接线图

图 3-56 所示三相异步电动机 Y-△降压启动的梯形图设计过程如下。

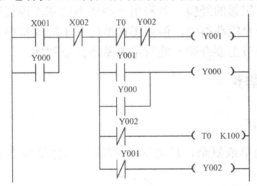

图 3-56　PLC 控制电动机 Y-△降压启动的梯形图

① 分析三相异步电动机 Y-△降压启动过程：按下启动按钮 SB1 后，电动机定子绕组先接成 Y 连接（KM_Y 控制），电动机进行降压启动。延时一段时间后，电动机先断开定子绕组的 Y 连接，再将定子绕组接成△形连接（$KM_\triangle$ 控制）。启动过程结束，电动机进入正常运转状态。

② 根据现场控制所需的输入信号（SB1 和 SB2）和输出信号（KM、KM_Y 和 $KM_\triangle$），分配 PLC 的输入点与输出点（如表 3-2 所示）。

表 3-2　PLC 控制三相异步电动机 Y-△降压启动输入、输出定义点

输入信号			输出信号		
名　称	代　号	输入点编号	名　称	代　号	输出点编号
启动按钮	SB1	X001	接触器	KM	Y000
停止按钮	SB2	X002	接触器	KM_Y	Y001
			接触器	$KM_\triangle$	Y002

输入点和输出点接线如图 3-55 所示。在这里特别要说明：过载保护的热继电器常闭触点不作为一个输入信号占用宝贵的输入点，而将其接在输出回路的电源上，仍能对电动机实现过载保护。

③ 画出梯形图。由图 3-56 可见：按下 SB1 启动按钮后，X001 常开触点闭合，Y001 线圈得电，Y001 常开触点闭合，随之 Y000 线圈得电并自锁。Y001 的输出信号使电动机定子绕组接成 Y 连接，Y000 的输出信号使电动机接通电源，进行降压启动。同时，T0 线圈也得电，并开始计时。当时间达到设定值（10s）时，T0 常闭触点断开，使 Y001 线圈失电。随着 Y001 线圈的失电，首先，Y001 的输出信号消失，使电动机定子绕组断开 Y 连接，然后，Y001 常闭触点恢复闭合，使 Y002 线圈得电，Y002 常闭触点断开，T0 线圈失电，定时器复位。

在梯形图中，当 X001 常开触点闭合后，一定是 Y001 线圈先得电，这是因为 PLC 是对梯形图按从上到下的顺序逐一扫描处理的。当扫描到 Y002 线圈这一逻辑行时，Y001 常闭触点已断开，Y002 线圈则不会得电。在继电控制线路中，绝对不允许出现上述情况。

3.3　基本指令的编程实例

在学习了 PLC 基本指令的功能和设计梯形图的基本规则后，就可以设计 PLC 的控制程序了。设计的方法有很多种，其中一种常用的方法是经验法。该方法没有固定的模式，一般是根据控制要求，凭平时积累的经验，并利用一些典型的基本控制程序来完成程序设计的。程序设计的经验不是一朝一夕能获得的，但熟悉典型的基本控制程序是设计一个较复杂的系统的控制程序的基础。这一节主要介绍一些常用的基本控制程序。

3.3.1　基本控制程序

1. 启动/停止控制程序

不管控制系统多么简单或复杂，启动/停止控制程序总是少不了的。它是最基本的常用控制程序。

图 3-57（a）所示梯形图是启动停止控制程序之一。当 X000 常开触点闭合时，辅助继电器 M0 线圈接通，其常开触点闭合自锁。当 X001 常闭触点断开时，M0 线圈断开，其常开触点断开，所以 X000 为启动信号，X001 为停止信号。

图 3-57（b）所示梯形图是另一种启动/停止控制程序，该程序中，启动和停止是利用 SET/RST 指令来实现的。同样，X000 是启动信号，X001 是停止信号。

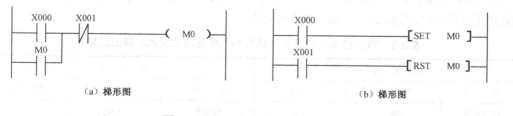

（a）梯形图　　　　　　　　　　　　　（b）梯形图

图 3-57　PLC 启动/停止控制程序

2. 产生单脉冲和连续脉冲的程序

① 产生单脉冲的基本程序。在 PLC 的程序设计中，经常需要单个脉冲来实现计数器的复位，或作为系统的启动、停止信号。用 PLS 指令和 PLF 指令可以得到脉宽为一个扫描周期的单脉冲（如图 3-58 和图 3-59 所示）。

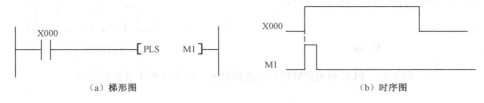

图 3-58　PLC 产生单脉冲的基本梯形图及其时序图之一

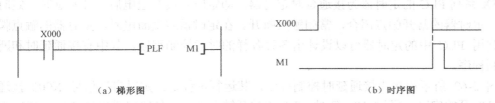

图 3-59　PLC 产生单脉冲的基本梯形图及其时序图之二

② 产生连续脉冲的基本程序。在 PLC 程序设计中，也经常需要用一系列连续的脉冲信号作为计数器的计数脉冲或实现其他作用。图 3-60 和图 3-61 所示梯形图就是能产生连续脉冲的基本程序。

在图 3-60 中，利用辅助继电器 M0 产生了一个脉宽为一个扫描周期、脉冲周期为两个扫描周期的连续脉冲。该梯形图是利用 PLC 的扫描工作方式来设计的。当 X000 常开触点闭合后，第一次扫描到 M0 常闭触点时，它是闭合的，于是，M0 线圈得电。当第二次从头开始扫描，扫描到 M0 的常闭触点时，因 M0 线圈得电后其常闭触点已经断开，M0 线圈失电。这样，M0 线圈得电时间为一个扫描周期。M0 线圈不断连续地得电、失电，其常开触点也随之不断连续地断开、闭合，就产生了脉宽为一个扫描周期的连续脉冲信号输出，脉冲宽度和脉冲周期不可调节。

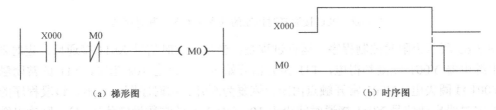

图 3-60　PLC 利用辅助继电器产生连续脉冲的基本梯形图及其时序图

在图 3-61 中，利用定时器 T0 产生了一个周期可调节连续脉冲。当 X000 常开触点闭合后，第一次扫描到 T0 常闭触点时，它是闭合的，于是，T0 线圈得电，经过 1s 的延时，T0 常闭触点断开。T0 常闭触点断开后的下一个扫描周期中，当扫描到 T0 常闭触点时，因它已断开，使 T0 线圈失电，T0 常闭触点又随之恢复闭合。这样，在下一个扫描周期扫描到 T0

常闭触点时，又使 T0 线圈得电。重复以上动作，T0 的常开触点连续闭合、断开，就产生了脉宽为一个扫描周期、脉冲周期为 1s 的连续脉冲，改变 T0 常数设定值，就可改变脉冲周期。

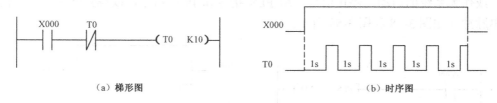

（a）梯形图　　　　　　　　　　　　（b）时序图

图 3-61　PLC 利用定时器产生连续脉冲的基本梯形图及其时序图

3．时间控制程序

FX 系列 PLC 的定时器为接通延时定时器。即定时器线圈通电后，开始延时，定时时间到时，定时器的常开触点闭合，常闭触点断开。在定时器线圈断电时，定时器的触点瞬间复位。利用 PLC 中的定时器可以设计出各种各样的时间控制程序，其中有接通延时和断开延时控制程序。

图 3-62 所示程序为接通延时控制程序，其运行过程是：定时启动信号 X000 接通，定时器 T0 开始定时，经过 10s 延时，T0 的常开触点接通，使输出继电器 Y000 线圈得电，Y000 常开触点闭合。当 X000 复位时，T0 线圈断电，其常开触点断开，输出继电器 Y000 线圈也失电，Y000 常开触点断开。如果 X000 接通时间不够 10s，则定时器 T0 和输出继电器 Y000 都不动作。由时序图可以看到，从输入信号 X000 接通瞬间开始经过 10s 延时，Y000 才有信号输出，所以这个程序称为接通延时型控制程序。

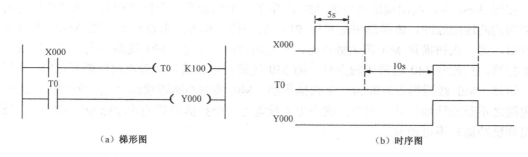

（a）梯形图　　　　　　　　　　　　（b）时序图

图 3-62　PLC 接通延时控制的基本梯形图及其时序图

图 3-63 所示为限时控制程序，运行过程是：当启动定时信号 X011 接通后，定时器 T11 和输出继电器 Y001 线圈都得电，T11 定时器开始定时，经过 10s 延时，T11 的常闭触点断开，Y001 线圈失电，Y001 常开触点由闭合恢复为断开。由时序图可看出，该段程序的特点是：若定时器启动信号 X011 接通时间少于 10s（由 T11 的常数设定值决定），则输出继电器 Y001 接通时间与 X011 接通时间一样。当 X011 接通时间大于 10s，则 Y001 接通时间为 10s，即 Y001 最长接通时间为 10s。在工程上，这类程序可将负载的工作时间限制在规定的时间内。

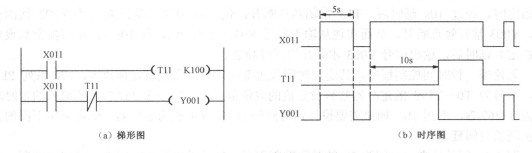

（a）梯形图　　　　　　　　　　　　（b）时序图

图 3-63　PLC 限时控制的梯形图及其时序图之一

图 3-64 所示是另一种限时控制程序，运行过程是：当定时启动信号 X012 接通并且接通时间大于 10s 时，定时器 T12 和输出继电器 Y002 线圈得电，Y002 常开触点闭合自锁，T12 开始定时，经 10s 延时，T12 常闭触点断开，使 Y002 常开触点失去自锁作用。这样，当 X012 触点断开后，T12 和 Y002 线圈随之失电，T12 和 Y002 线圈的触点复位。当 X012 接通时间小于 10s 时，因为 Y002 常开触点闭合自锁，使 T12 和 Y002 线圈在 X012 常开触点断开后能继续得电，经过 10s 延时，T12 常闭触点才断开，T12 和 Y002 线圈随之失电，T12 和 Y002 触点复位。由时序图可以看出，这种限时控制程序的特点是：当 X012 接通时间大于 10s 时，则 Y002 接通时间与 X012 接通时间相同，即输出信号 Y002 最少接通时间为 10s。在工程上采用这种程序，可控制负载的最少工作时间。

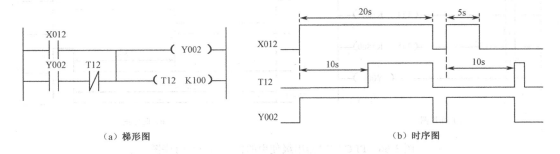

（a）梯形图　　　　　　　　　　　　（b）时序图

图 3-64　PLC 限时控制的梯形图及其时序图之二

图 3-65 所示是断开延时程序的梯形图和时序图，运行过程是：当定时启动信号 X013 接通时，M0 线圈接通并自锁，输出继电器 Y003 线圈接通，这时定时器 T13 因 X013 常闭触点断开而没有定时。当启动信号 X013 断开时，X013 的常闭触点恢复闭合，T13 线圈得电，

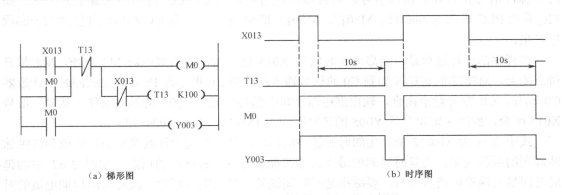

（a）梯形图　　　　　　　　　　　　（b）时序图

图 3-65　PLC 断开延时的梯形图及其时序图

开始定时。经过 10s 延时后，T13 常闭触点断开，使 M0 复位，输出继电器 Y003 线圈失电，Y003 常开触点断开，从而实现从输入信号 X013 断开开始，经 10s（由定时器常数设定值决定）延时后，输出信号 Y003 才断开的延时功能。

无论哪一种时间控制程序，其定时时间长短都由定时器常数设定值决定。FX 系列 PLC 中，编号为 T0～T199 的定时器常数设定值的取值范围为：0.1～3 267.7s，即最长的定时时间为 3 267.7s，不到 1h。如果需要设计定时时间为 1h 或更长的定时器，则可采用下面的方法实现长时间延时。

图 3-66 所示是定时时间为 1h 的时间控制程序，辅助继电器 M1 用于定时启动控制。由时序图可以看出，输入点 X014 闭合后，经过 1h（3 600s）的延时，输出信号 Y004 才接通，从而实现了长时间定时。为实现这种功能，程序中采用两个定时器 T14 和 T15 串级使用。T14 开始计时后，经 1 800s 延时，T13 的常开触点闭合，使 T15 再开始计时，又经过 1 800s 的延时，T15 的常开触点闭合，输出继电器 Y004 线圈接通。这样，从输入触点 X014 接通，到 Y004 产生输出信号，其延时时间为 1 800s+1 800s=3 600s=1h。

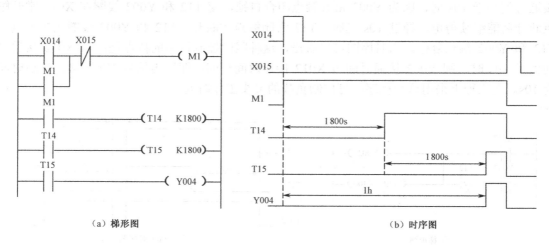

（a）梯形图　　　　　　　　　　　　　　　　（b）时序图

图 3-66　PLC 定时器串级使用的梯形图及其时序图

定时器串级使用，其总的定时时间为各定时器常数设定值之和。N 个定时器串级使用，其最长定时时间为 $3276.7 \times N$（s）。

图 3-67 所示是采用计数器实现长延时的控制程序。要让计数器实现定时功能，必须将时钟脉冲信号作为计数输入信号。时钟脉冲信号，可以由 PLC 内部特殊继电器产生，如 FX$_2$ 系列 PLC 内部的 M8011、M8012、M8013 和 M8014 等；也可以利用连续脉冲的控制程序产生。

该程序的运行过程是：当启动定时信号 X015 闭合时，辅助继电器 M2 动作，M2 常开触点闭合，M8012 时钟脉冲加到 C0 的计数输入端。当 C0 累计到 18 000 个脉冲时，计数器 C0 动作，C0 常开触点闭合，输出继电器 Y005 线圈接通，Y005 的触点动作。从输入信号 X015 闭合，到产生输出信号 Y005 的延时时间为 18 000×0.1s=1 800s=30min。

式中 0.1s 为 M8012 所产生的时钟脉冲的周期。延时时间由计数器常数设定值和时钟脉冲周期的乘积决定，而延时时间的最大误差可能就等于时钟脉冲的周期，如图 3-67 中的延时时间最大误差可能为 0.1s。要减小延时时间误差，提高定时精度，就必须用周期更短的时钟脉冲作为计数信号。

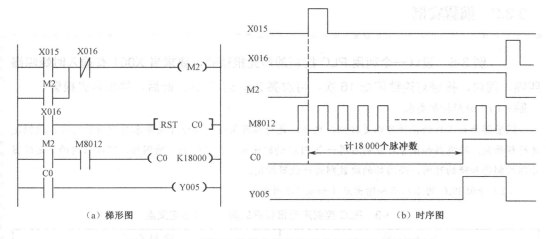

（a）梯形图　　　　　　　　　　　　　　　　（b）时序图

图 3-67　PLC 采用计数器实现长延时的梯形图及其时序图

图 3-67 所示长延时控制程序的最大延时时间受计数器的最大计数值和时钟脉冲的周期限制，而计数器的最大计数值为 32 767，所以该延时程序的最大延时时间为 32 767×0.1s=3 276.7s=54.6min，不到 1h，要增大最大延时时间，可以增大时钟脉冲的周期，但这又会使定时精度下降。为获得更长时间的延时，同时又能保证定时精度，可采用两级或更多的计数器串级计数。图 3-68 所示程序就是采用两级计数器串级计数的例子。

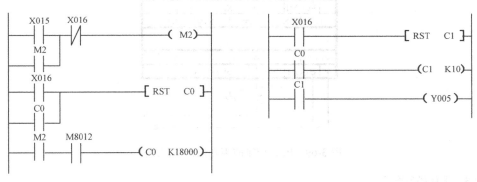

图 3-68　PLC 采用计数器串级实现长延时的梯形图

该程序的运行过程是：C0 组成一个 30min 定时器，其常开触点每隔 30min 闭合一个扫描周期。这是因为 C0 的复位输入端并联了一个 C0 常开触点，当 C0 累计到 18 000 个脉冲时，计数器 C0 动作，C0 常开触点闭合，"RST C0" 指令执行，使 C0 复位，C0 计数器动作一个扫描周期的时钟脉冲。C0 的另一个常开触点作为 C1 的计数输入，当 C0 常开触点接通、断开一次，C1 输入一个计数脉冲，当 C1 计数脉冲累计到 10 个时，计数器 C1 动作，C1 常开触点闭合，使 Y005 线圈接通，Y005 触点动作。从输入信号 X015 闭合，到输出继电器 Y005 动作，其延时时间为 18 000×0.1×10=18 000s=5h。

计数器 C0 和 C1 串级后，最长的延时可达：

$$32\ 767×0.1×32\ 767s=29\ 824.34=1\ 242.68d（天）$$

图 3-67 和图 3-68 中的 X016 是定时终止信号。

3.3.2 编程实例

例3-6 设计一个利用 PLC 控制的声光报警器，要求当 X001 有输入时蜂鸣器叫鸣，同时，报警灯连续闪烁 16 次，每次亮 2s，熄灭 3s，此后，停止声光报警。

解：（1）分析控制要求。

报警器开始工作的条件可以是按钮，也可以是行程开关或是接近开关等来自现场的信号，现假定是行程开关。蜂鸣器和报警灯分别占用一个 PLC 的输出点。报警灯亮、暗闪烁，可以采用两个定时器分别控制亮和暗的时间，而闪烁的次数则由计数器控制。

（2）分配 PLC 的输入点和输出点（如表3-3所示）。

表3-3 PLC 控制声光报警器的输入、输出定义点

输入信号			输出信号		
名　称	代　号	输入点编号	名　称	代　号	输出点编号
行程开关	SQ1	X001	蜂鸣器	HA	Y001
			报警灯	HL	Y001

PLC 的接线图如图3-69所示。

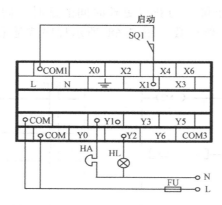

图3-69 PLC 控制的声光报警器接线图

（3）设计梯形图。

① 启动和停止控制程序的设计。

启动信号为 X001，按下 SQ1 时，X001 常开触点闭合，利用脉冲微分指令 PLS 产生一个脉冲信号，使输出继电器 Y001 线圈得电并自锁，Y001 产生的输出信号使蜂鸣器鸣叫。停止信号是计数器的常闭触点，当报警灯闪烁 16 次后，计数器的常闭触点断开，使 Y001 线圈失电，Y001 的触点复位，报警电路停止报警。启动和停止控制程序的梯形图如图3-70所示。

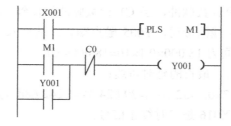

图3-70 蜂鸣器启动和停止的控制的梯形图

② 报警灯闪烁控制程序设计如图 3-71 所示。

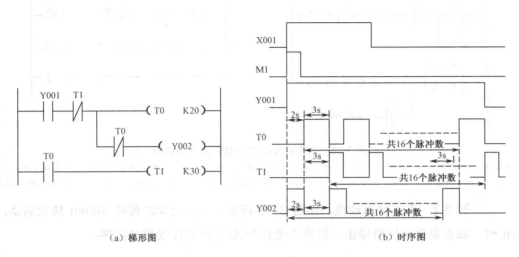

（a）梯形图　　　　　　　　　　　（b）时序图

图 3-71 报警灯闪烁控制梯形图

报警灯在蜂鸣器鸣叫的同时闪烁，所以，采用 Y001 的常开触点控制报警灯闪烁，采用定时器 T0 控制报警灯亮的时间，定时器 T1 控制报警灯熄灭时间。当 Y001 常开触点闭合时，Y002 线圈与 T0 线圈同时得电。Y002 线圈得电后产生的输出信号使报警灯亮。T0 线圈得电后，经 2s 延时，T0 常闭触点断开，使 Y002 线圈失电，Y002 的触点复位，报警灯熄灭。同时，T0 常开触点闭合，使 T1 线圈得电。经 3s 延时，T1 常闭触点断开，使 T0 线圈失电，T0 常开触点瞬间断开，T1 线圈也随之失电，T1 常闭触点闭合，定时器 T1 的触点只动作了一个扫描周期。当 T1 常闭触点闭合后，Y002 和 T0 线圈又得电，重复以上动作。由时序图可以看出，Y002 常开触点接通时间为 2 s，断开时间为 3s，是一个连续脉冲信号，而且 Y002 常开触点接通和断开的时间可分别由 T0 和 T1 的常数设定值改变。这一段程序也可以作为基本控制程序，在今后的编程中使用。

③ 报警灯闪烁次数控制程序的设计。

采用计数器 C0 进行闪烁次数的控制，要考虑到计数输入信号和计数器复位信号两个方面。由图 3-71（b）时序图可看到，Y002 产生的脉冲信号下降沿正好是 T0 脉冲的上升沿。当 Y002 第 16 个脉冲结束，即报警闪烁 16 次后，T0 正好产生第 16 个脉冲。将 T0 触点的动作作为计数输入信号，这样，当计数器累计到第 16 个脉冲时，计数器 C0 线圈得电，C0 常开触点断开，报警器停止工作。

计数器 C0 的复位信号可以采用 C0 常开触点。当计数器 C0 线圈得电，C0 常开触点闭合时，"RST C0" 指令执行，使 C0 复位。但这时 C0 常开触点应并联 M8012 常开触点，在 PLC 开机时，对 C0 进行清零。C0 的复位信号也可以采用 Y001 的常闭触点。当蜂鸣器鸣叫时，Y001 常闭触点是断开的，"RST C0" 指令不执行，说明计数器 C0 正在计数，当累计到 16 个脉冲时，则 C0 常闭触点断开，Y001 线圈得电，Y001 常闭触点恢复闭合，"RST C0" 指令执行，计数器 C0 被复位，为报警器下次工作做准备。

将各段程序合并完整的程序梯形图如图 3-72 所示。

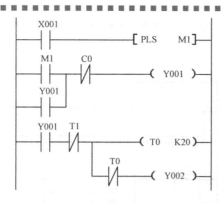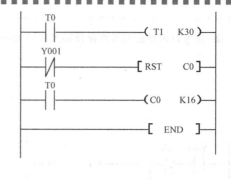

图 3-72　例 3-6 PLC 控制报警器的梯形图

例 3-7　有四台电动机，如图 3-73 所示，要求启动时每隔 10min 依次启动，停止时，四台电动机同时停止。按要求设计 PLC 控制的接线图及程序。

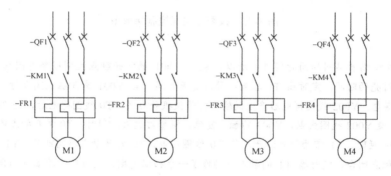

图 3-73　四台电动机控制示意图

解：

（1）分析控制要求。

本例是电动机的顺序控制问题。

（2）分配 PLC 的输入点和输出点（如表 3-4 所示）。

PLC 的接线图如图 3-74 所示。

四台电动机分别由一个接触器启动和停止，当 Y001 产生输出信号时，KM1 线圈得电，KM1 主触点闭合，使 M1 启动动转。当 Y001 没有信号输出时，KM1 线圈失电，KM1 主触点断开，M1 停止运行。其他电动机工作情况完全类似。

表 3-4　PLC 控制电动机的输入、输出定义点

输入信号			输出信号		
名　称	代　号	输入点编号	名　称	代　号	输出点编号
启动按钮	SB1	X001	M1 接触器	KM1	Y001
停止按钮	SB2	X002	M2 接触器	KM2	Y002
			M3 接触器	KM3	Y003
			M4 接触器	KM4	Y004

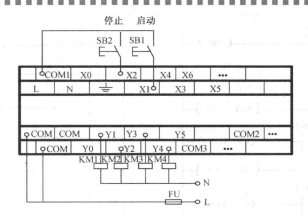

图 3-74　四台电动机 PLC 顺序控制的接线图

（3）设计梯形图。

方法一：采用定时器实现顺序控制的程序。

启动和停止控制程序前面已多次介绍，不再重述。顺序控制部分采用三个定时器，分别控制四台电动机启动间隔的时间。当第一台电动机启动时，第一个定时器开始定时，经 10 分钟延时，其常开触点闭合，给第二台电动机发出启动信号……如此下去，四台电动机依次启动。梯形图如图 3-75 所示。

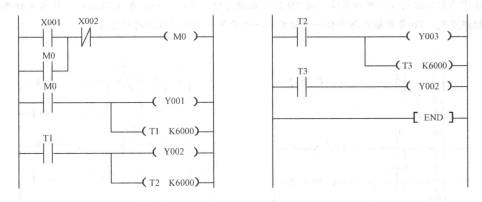

图 3-75　采用定时器控制电动机顺序启动的梯形图

方法二：采用计数器实现顺序控制的程序。

本例中，顺序控制的条件为时间，即第一台电动机启动后，到第二台电动机启动的条件是由时间控制的，时间一到 10 分钟，第二台电动机启动……

前面已介绍过，计数器对时钟脉冲进行计数，可以实现定时器功能，本例采用计数器实现定时功能的梯形图如图 3-76 所示。

当 X001 闭合时，发出启动信号，使 M0 线圈得电，M0 常开触点闭合，第一台电动机启动，同时，计数器 C0 开始计数。当累计到 6 000 个时钟脉冲时，延时时间达到 $6\ 000 \times 0.1 = 600s = 10min$，C0 常开触点闭合，Y002 线圈得电，Y002 产生输出信号，第二台电动机启动，同时计数器 C1 开始计数……直至 Y004 产生输出信号，电动机 M4 启动。当 X002 常闭触点断开后，M0 线圈失电，M0 常闭触点闭合，使计数器全部复位，四台电动机全部停止运转。

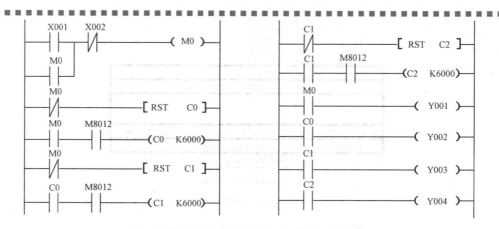

图 3-76 采用计数器实现电动机顺序控制的梯形图

方法三：采用连续脉冲信号实现顺序控制。

考虑到本例中每一个转移条件均为相同的时间间隔这一特点，可以采用每隔 10min 发出一个脉冲信号的方法，使四台电动机依次启动。梯形图如图 3-77 所示。

当发出启动信号后，X001 常开触点闭合，M0 线圈得电并自锁。M0 常开触点闭合，一方面使 Y001 线圈得电，Y001 产生输出信号，使第一台电动机启动；另一方面，使由定时器 T0 组成的产生连续脉冲的基本控制程序开始工作。由 T0 的常数设定值 6 000 可知，每隔 10min，T0 常开触点闭合一个扫描周期。T0 常开触点每闭合一次就发出一个使下一台电动机启动的信号。

图 3-77 采用连续脉冲输出信号实现电动机顺序控制的梯形图

本例对同一个控制要求采用三种不同的方法设计程序，各有特色。方法一和方法二的程序可以调节定时时间，使电动机启动间隔时间不一样，控制的电动机台数较少时，采用这两种方法，程序较简单。方法三的设计思路清晰，控制的电动机台数较多，而且采用主控指令编程，使程序相对简单，缺点是每台电动机启动间隔时间必须一样。

例 3-8 用 PLC 控制工作台自动往返循环工作，工作台前进、后退由电动机通过丝杠拖动，示意图如图 3-78 所示。

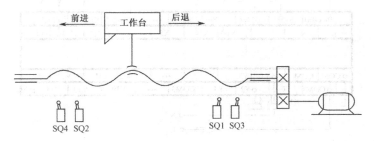

图 3-78 工作台自动往返示意图

控制要求如下：

① 自动循环控制；

② 点动控制（供调试用）；

③ 单循环运行，即工作台前进、后退一次循环后停止在原位；

④ 8 次循环计数控制，即工作台前进、后退为一个循环，循环 8 次后自动停止在原位。

解：（1）分析控制要求。

工作台的前进与后退是通过电动机正反转来控制的，所以完成这一动作可采用电动机正反转控制基本程序。工作台工作方式有点动控制和自动往返连续控制两种，可采用程序（软件的方法）实现两种运行方式的转换，也可以采用选择开关 SA1（硬件的方法）来转换。假设选择开关 SA1 闭合时，工作台工作在点动状态；SA1 断开时，工作台工作在自动连续状态。

工作台的单循环与多次循环两种工作状态，也可以采用选择开关来转换。假设 SA2 闭合时，工作台实现单循环工作；SA2 断开时，工作台实现多次循环工作。多次循环要限定循环次数，所以选择计数器进行控制。

（2）分配 PLC 的输入与输出点（如表 3-5 所示）。

表3-5 例3-8 PLC 输入、输出定义点

输入信号			输出信号		
名 称	代 号	输入点编号	名 称	代 号	输出点编号
控制方式开关	SA1	X000	正转接触器	KM1	Y001
停止按钮	SB1	X001	反转接触器	KM2	Y002
正转启动按钮	SB2	X002			
反转启动按钮	SB3	X003			
单循环/连续循环选择开关	SA2	X010			
行程开关	SQ1	X011			
行程开关	SQ2	X012			
行程开关	SQ3	X013			
行程开关	SQ4	X014			

PLC 的接线图如图 3-79 所示。

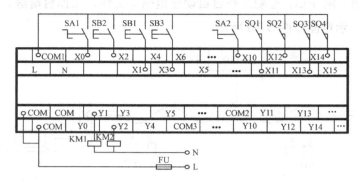

图 3-79　例 3-8 PLC 的接线图

（3）设计梯形图。

① 根据控制对象设计基本控制环节的程序。

控制对象是工作台，其工作方式有前进和后退两种，梯形图如图 3-80 所示。

② 实现自动往返功能的程序设计。

分析工作台自动往返的工作过程可知：工作台前进中撞块压合行程开关 SQ2 后，SQ2 动作，X012 的常闭触点断开 Y001 线圈，使工作台停止前进，X012 常开触点再接通 Y002 线圈，使工作台后退，完成工作台由前进转为后退的动作。同样道理，撞块压合行程开关 SQ1 后，工作台完成由后退转为前进的动作。梯形图如图 3-81 所示。

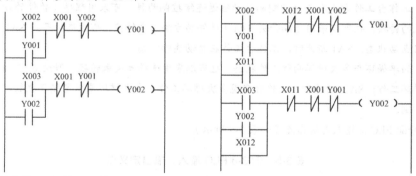

图 3-80　例 3-8 基本环节控制程序　　　图 3-81　例 3-8 自动往返控制程序

③ 实现点动控制功能的程序设计。

根据点动控制的概念可知，如果解除自锁功能，就能实现点动控制。利用开关 SA1 来选择点动与自动控制。设 SA1 闭合后，实现工作台点动控制，梯形图如图 3-82 所示。在梯形图中，X000 分别与实现自锁控制的常开触点 Y001、Y002 串联，SA1 闭合后，输入继电器 X000 线圈得电，则 X000 常闭触点断开，使 Y001、Y002 失去自锁作用，实现了系统的点动控制。

④ 实现单循环控制的程序设计。

在 X011 常开触点闭合后，只要不使 Y001 线圈得电，工作台就不会前进，这样便实现了单循环控制。

采用控制开关 SA2 选择单循环控制。当 SA2 闭合后，输入继电器 X010 线圈得电，X010 常闭触点断开，与 X010 常闭触点串联的 X011 常开触点失去作用，即在 X011 常开触点闭合后，Y001 线圈也不能得电，工作台不能前进，梯形图如图 3-83 所示。

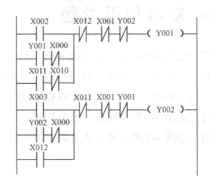

图 3-82　例 3-8 实现点动控制的梯形图　　　图 3-83　例 3-8 实现单循环控制的梯形图

⑤ 循环计数功能的程序设计。

可由计数器累计工作台循环次数。计数器的计数输入信号由 X011（SQ1）提供，梯形图如图 3-84 所示。梯形图中 X002 闭合时系统启动，同时计数器清零，为计算循环次数准备。SQ1 被压 8 次后，X011 通断 8 次，使 C0 有 8 个计数脉冲输入，C0 线圈得电。C0 的常闭触点断开，使 Y001 线圈失电，工作台停在原位。

⑥ 设置必要的保护环节。

工作台自动返回控制，必须设置限位保护，SQ3 与 SQ4 分别为后退和前进方向的限位保护行程开关。当 SQ4 被压合后，X014 常闭触点断开，Y001 线圈失电，工作台停止前进，实现了限位保护。同样道理，压合 SQ3 后可实现后退限位保护。

例 3-8 完整的梯形图如图 3-85 所示。

图 3-84　例 3-8 循环计数功能程序　　　图 3-85　例 3-8 完整的梯形图

由本例梯形图的设计过程可总结出经验法设计梯形图的一般规律：先根据控制要求设计基本程序，然后再逐步补充完善程序，使其能完全满足控制要求，最后，设置必要的连锁保护程序。

复习与思考题

1. 简单说明 AND 指令与 ANB 指令、OR 指令与 ORB 指令之间的区别。
2. 在什么情况下应采用主控指令编程？编程时应注意哪些问题？
3. 一段完整的程序，最后如果没有 END 指令，会产生什么结果？
4. 写出题图 3-1 所示梯形图的指令语句表。
5. 写出题图 3-2 所示梯形图的指令语句表。

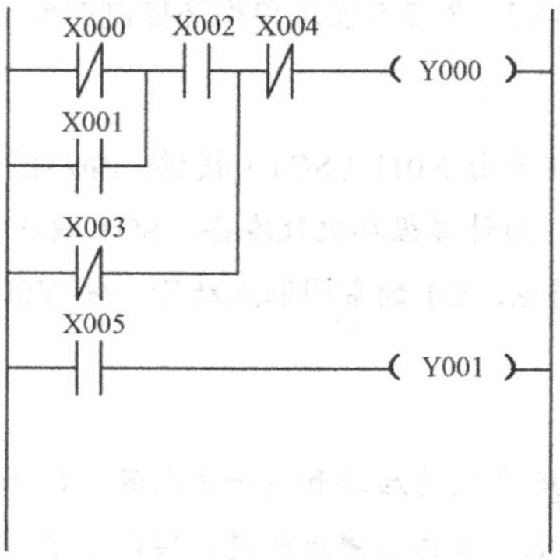

题图 3-1 习题 4 梯形图 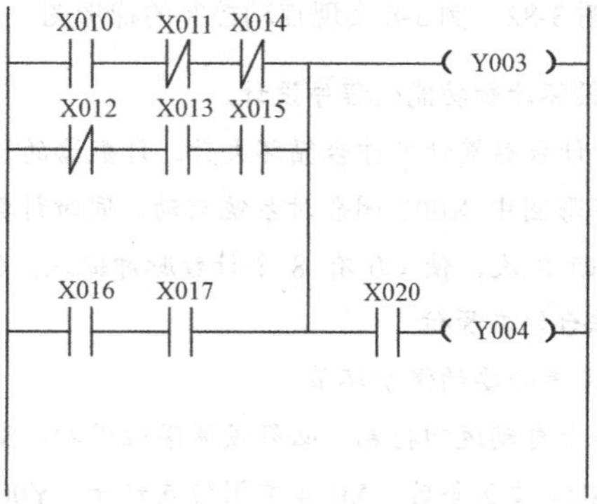   题图 3-2 习题 5 梯形图

6. 写出题图 3-3 所示指令语句表对应的梯形图。
7. 写出题图 3-4 所示指令语句表对应的梯形图。

0	LD	X000
1	ANI	M0
2	OUT	M0
3	LDI	X00
4	RST	C0
5	LD	M0
6	OUT	C0 K8
9	LD	C0
10	OUT	Y000

题图 3-3 习题 6 指令语句表

0	LD	X000	9	ORB	
1	AND	X001	10	ANB	
2	LD	X002	11	LD	M0
3	ANI	X003	12	AND	M2
4	ORB		13	ORB	
5	LD	X004	14	AND	M2
6	AND	X005	15	OUT	Y004
7	LD	X006	16	END	
8	ANI	X007			

题图 3-4 习题 7 指令语句表

8. 写出题图 3-5 所示梯形图的指令语句表。
9. 写出题图 3-6 所示梯形图的指令语句表。

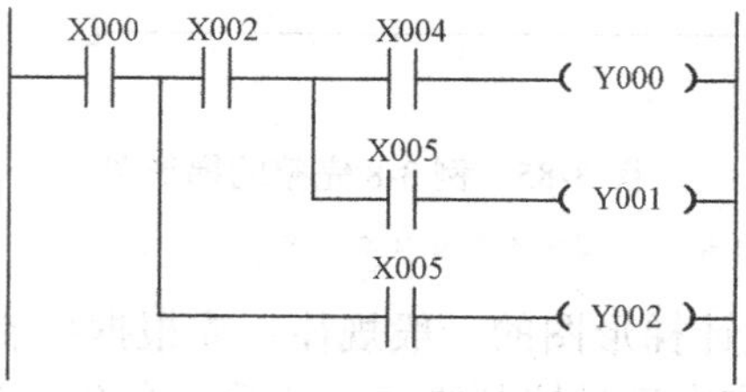

题图 3-5 习题 8 梯形图 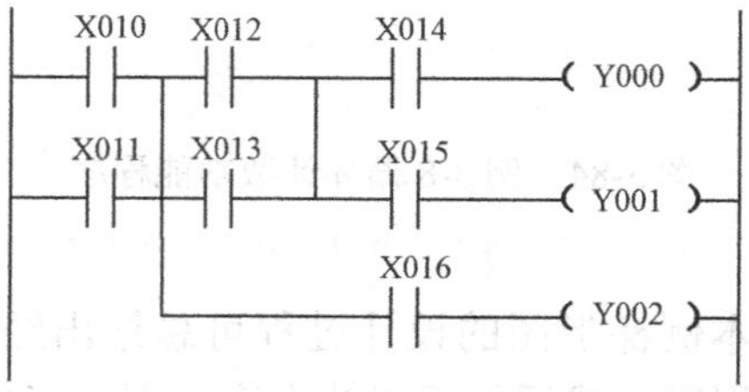   题图 3-6 习题 9 梯形图

10. 写出题图 3-7 指令语句表对应的梯形图。

0	LD	X000	6	AND	X003	12	MPP	
1	MPS		7	MPS		13	OUT	Y002
2	ANI	X001	8	AND	X004	14	MPP	
3	MPS		9	OUT	Y000	15	OUT	Y003
4	AND	X002	10	MPP		16	MPP	
5	MPS		11	OUT	Y001	17	OUT	Y004

题图 3-7 习题 10 指令语句表

11. 写出题图 3-8 所示梯形图的指令语句表，并补画 M0、M1、和 S30 的时序图。

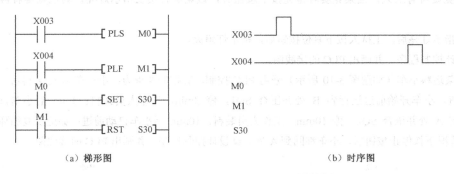

（a）梯形图　　　　　　　　　　　　（b）时序图

题图 3-8 习题 11 的梯形图和时序图

12. 写出题图 3-9 所示梯形图的指令语句表，并补画 M0、M1、M2 和 Y000 的时序图。如果 PLC 的输入点 X000 接一个按钮，输出点 Y000 所接的接触器控制一台电动机，则通过这段程序是否能用该按扭控制电动机的启动和停止？画出 PLC 的接线图。

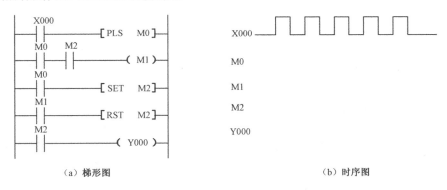

（a）梯形图　　　　　　　　　　　　（b）时序图

题图 3-9 习题 12 的梯形图和时序图

13. 有一个指示灯，控制要求为：按下启动按钮 SB1 后，亮 5s，熄灭 5s，重复 5 次后停止工作。试设计梯形图并写出指令语句表，并画出 PLC 控制的接线图。

14. 如用 PLC 控制三台电动机，控制要求为：按 M1、M2、M3 的顺序启动；前级电动机不启动，后级电动机不能启动，前级电动机停止时，后级电动机也停止。试设计梯形图，写出指令语句表，并画出 PLC 控制接线图。

15. 设计一个定时时间为 6h 的控制程序，要求当按下开始计时按钮后，原计时器的数值自动清零，计时器开始计时，时间到后，驱动一信号灯亮。试设计梯形图，写出指令语句表，并画出 PLC 的控制接线图。

16. 某电动葫芦起升机构的动负荷试验的控制要求为：自动运行时，上升 8s，停 10s 再下降 8s，停

10s，反复运行 1h（小时），然后发出声光报警信号（电铃响、信号灯亮），并停止运行。试设计控制程序，并画出 PLC 控制接线图。

17. 有两台电动机 M1 和 M2，控制要求为：M1 和 M2 可以分别启动和停止；M1 和 M2 可以同时启动和停止。试设计控制程序，并画出 PLC 控制接线图。

18. 有两个电磁阀 YV1 和 YV2，控制要求为：YV1 带电后，经 30s 延时后，YV2 再带电，工作 1h（小时）后 YV1、YV2 同时失电。试设计控制程序，并画出 PLC 按线图。

19. 设计一个智力竞赛抢答器的 PLC 控制程序，控制要求为：

（1）竞赛者有三人，当某竞赛者抢先按下按钮时，该竞赛者桌上指示灯亮，其他竞赛者再按按钮无效；

（2）指示灯亮后，主持人按下复位按钮后，指示灯熄灭。

试设计控制程序，并画出 PLC 的接线图。

20. 某运料小车（如题图 3-10 所示）采用 PLC 控制，其控制要求为：小车在 A 处装料后，工作人员按启动按钮，小车开始前进运行到 B 处并压合 SQ1，停 3min，工作人员卸料；3min 后小车自动开始后退，运行到 A 处并压合 SQ2，停 10min，工作人员装料，10min 后小车自动前进；如此反复循环工作，无论在什么情况下按停止按钮后，小车都回到 A 处。试设计控制程序，并画出 PLC 的接线图。

题图 3-10　习题 20 小车运行示意图

第**4**章

FX 系列 PLC 的基础实验

4.1 SWOPC-FXGP/WIN-C 编程软件简介

4.1.1 SWOPC-FXGP/WIN-C 软件的基本界面

SWOPC-FXGP/WIN-C 软件安装好以后，在桌面上自动生成 图标，用鼠标左键双击该图标可打开编程软件。启动 SWOPC-FXGP/WIN-C 以后，出现该软件的窗口界面。单击"文件"菜单中的"新建"命令，出现如图 4-1 所示的"PLC 类型设置"对话框。

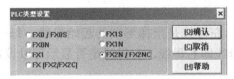

图 4-1 "PLC 类型设置"对话框

在该对话框中选择用户使用的 PLC 类型，例如，选中"FX2N/FX2NC"单选按钮。单击"确认"按钮，则显示如图 4-2 所示的 SWOPC-FXGP/WIN-C 主窗口，表明建立了一个新工程。

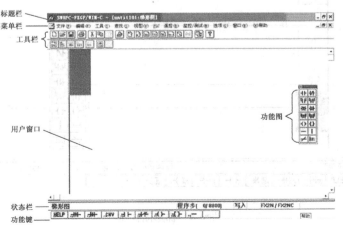

图 4-2 SWOPC- FXGP/WIN-C 主窗口

在 SWOPC-FXGP/WIN-C 主窗口中，主要包含以下几个部分。

① 标题栏。

② 菜单栏。

③ 工具栏：工具条提供简便的鼠标操作，将 SWOPC-FXGP/WIN-C 中经常使用的功能以按钮的形式集中显示（如图 4-3 所示）。工具栏内的按钮是执行各种操作的快捷方式之一。

图 4-3　标准工具栏

④ 状态栏。

⑤ 用户窗口：位于主窗口的中间，是编辑梯形图、指令表和功能图程序的区域。

⑥ 功能键：通过相应的功能键可以输入常用的编程元件。

⑦ 功能图：提供编辑梯形图的各种编程元件的符号。

4.1.2　梯形图的生成与编辑

图 4-4 所示为梯形图视图，其特征可用以下名词描述。

① 光标：一个显示在梯级里面表示当前位置的蓝色方形块。

② 梯级（条）：梯形图程序的逻辑单元。一个梯级能够包含多个行和列，且所有的梯级都具有编号。

③ 梯级总线（母线）：左母线是指梯形图的起始母线，每一个逻辑行必须从左母线画起。梯级最右边的是结束母线即右母线，右母线是否显示可以设定。

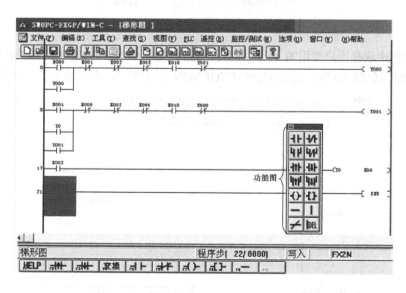

图 4-4　梯形图视图

④ 功能图：在用梯形图编程时，可以利用该栏中的触点、线圈、指令、线段等按钮以图形方式输入程序。

⑤ 选中元素：单击梯级的一个元素，按住鼠标左键，拖过梯级中的其他元素使它们呈现高亮度状态，这样就能够同时选中多个元素，可以把这些元素当做一个整体来移动。

在梯形图视图中可进行程序的生成、编辑、监视等。

1．输入编程元件

梯形图的编程元件主要有线圈、触点、指令、标号及连接线。输入方法如下所示。

① 顺序输入。

② 任意添加输入。

梯形图编程元件的输入常使用"工具"菜单中的"触点"、"线圈"、"功能"和"连线"等命令，也可使用图 4-4 中浮动的功能图输入编程元件，其中各符号的功能如图 4-5 所示。

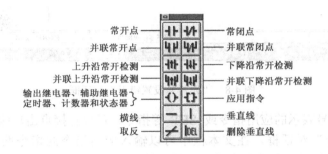

图 4-5　功能图中各符号的功能

首先将光标（深蓝色矩形）放在编辑窗口中欲放置元件的位置，然后在功能图中选择元件类型，例如要输入定时器指令或计数器指令，需用鼠标点击上图中的 按钮，将弹出"输入元件"对话框（如图 4-6 所示），在文本框中可以直接从键盘输入元件号，定时器和计数器的元件号和设定值要用空格键隔开。

若不直接输入可以单击图 4-6 中的"参照"按钮，弹出图 4-7 所示"元件说明"对话框。

图 4-6　"输入元件"对话框

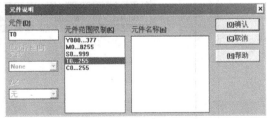

图 4-7　"元件说明"对话框

在图 4-7 所示的对话框中，可以选择定时器 T 或计数器 C，且每个元件的编号都有一个限制范围。如在对话框中输入超出其限制范围的元件号，软件将提示"元件号设置错误"。如图 4-8 所示，计时器的元件范围为 T0～T255，当输入 T256 时，软件出现"元件号设置错误"的提示。

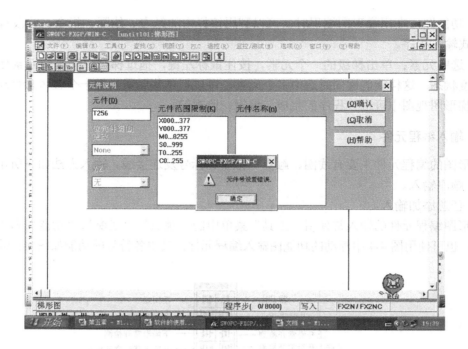

图 4-8　"元件号设置错误"对话框

若需放置方括号表示的应用指令或 SET 等指令，可以直接点击功能图中的  按钮，将弹出"输入指令"对话框，在文本框中可以输入应用指令的指令助记符和指令中的参数。助记符和参数之间、参数和参数之间用空格分隔开，例如输入应用指令"SET Y000"（如图 4-9 所示）。

图 4-9　"输入指令"对话框

需在梯形图中放置横线时，点击功能图中的 ▬ 按钮；需在梯形图中放置垂直线时，点击功能图中的 ▎ 按钮，垂直线从矩形光标左侧中点开始往下画；删除垂直线时点击功能图中的 ▐DEL 按钮，并且要删除的垂直线的上端应在矩形光标左侧中点。

2．插入和删除

梯形图编程时，经常用到插入和删除一行、一列、一个逻辑行等命令。

① 插入：将光标定位在要插入的位置，然后选择"编辑（Edit）"菜单，执行此菜单中的"行插入"命令，就可以输入编程元件，从而实现逻辑行的输入（如图 4-10 所示）。

② 删除：首先用鼠标选择要删除的逻辑行，然后利用"编辑（Edit）"菜单中的"行删除"命令就可以实现逻辑行的删除（如图 4-10 所示）。

图 4-10　插入/删除

3．注释

下面以图 4-11 中电动机正反转程序的注释为例来说明如何给元件进行注释。

① 设置元件名。

执行"编辑"→"元件名"命令，可设置光标选中的元件的元件名称，例如"SB1"（如图 4-11 所示）。

② 设置元件注释。

执行"编辑"→"元件注释"命令，可以给光标选中的元件加上注释，注释可使用多行汉字，例如"正转按钮"（如图 4-11 所示）。

③ 添加程序块注释。

执行菜单命令"工具→转换"后，再执行"编辑→程序块注释"菜单命令，可在光标指定的程序块上面加上注释（如图 4-11 中的"电动机正转程序"）。

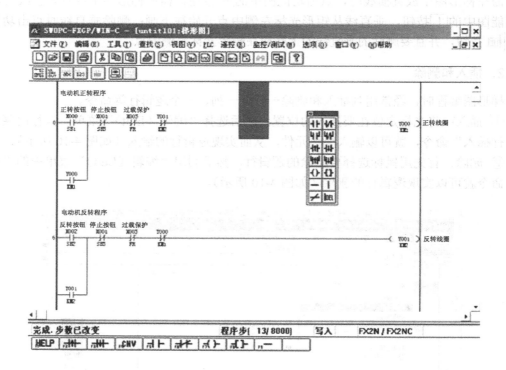

图 4-11　梯形图及注释画面

④ 梯形图注释方式的设置。

执行"视图"→"显示注释"命令，将弹出"梯形图注释设置"对话框（如图 4-12 所示），可选择是否显示元件名称、元件注释、线圈注释和程序块注释及元件注释和线圈注释每行的字符数和所占的行数，注释可放在元件的上面或下面。

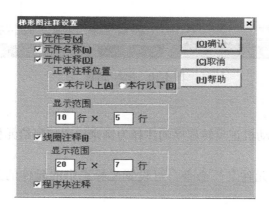

图 4-12　"梯形图注释设置"对话框

4. 程序的转换和清除

执行"工具"→"转换"命令，可以检查程序是否有语法错误。执行"工具"→"全部清除"命令可清除编程软件中所有的当前用户程序。

5．程序的检查

执行"选项"→"程序检查"命令，可以检查程序的语法错误和双线圈错误。

6．查找功能

执行"查找"菜单中的"到顶"和"到底"命令，可将光标移动到梯形图的开始处或结束处。使用"元件名查找"、"元件查找"、"指令查找"和"触点/线圈查找"命令，可查找到指令所在的电路块。

7．视图命令

可以在"视图"菜单中选择显示梯形图或指令表视图。执行"视图"菜单中的"指令表"命令，可进入指令表编辑状态，此时可以逐行输入指令。

4.1.3　PLC 的在线操作

对 PLC 进行在线操作之前，应首先将计算机的 RS-232 接口和 PLC 的 RS-422 接口连接好，然后设置计算机的通信端口参数。

1．端口设置

执行"PLC"菜单中的"端口设置"命令，可以选择计算机的 RS-232C 串口和传输速率。

2．文件传送

执行"PLC"→"传送"→"读入"命令，可将 PLC 中的程序传送到计算机中。

执行"PLC"→"传送"→"写出"命令，可将计算机中的程序下载到 PLC 中。

3．PLC 口令的修改与删除

在"PLC"的下拉菜单中，可以对 PLC 进行新口令的设置，也可以修改或清除旧口令。

4．遥控运行/停止

执行"PLC"→"遥控运行/停止"命令，可在弹出的窗口中选择"运行"或"停止"，点击"确认"按钮后可以改变 PLC 的运行模式。

5．存储器清除

执行"PLC"→"存储器清除"命令，可以对"PLC 存储空间"、"数据元件存储空间"、"位元件存储空间"的数据进行清除，但特殊存储器的数据不会被清除。

6．PLC 诊断

执行"PLC"→"PLC 诊断"命令，将显示与计算机相连的 PLC 的状况，给出出错信息，扫描周期的当前值、最大值和最小值，以及 PLC 的运行/停止状态。

4.1.4 PLC 监控与测试功能

以梯形图方式执行"监控/测试"→"开始监控"命令后，用绿色表示触点或线圈接通，且定时器、计数器和数据寄存器的当前值将显示在元件号的上面。

1. 元件监控

选择"监控/测试"菜单，执行"进入元件监控"命令后，将弹出元件监控画面，如图 4-13 所示，在该画面上双击左侧的深蓝色矩形光标，出现如图 4-14 所示的"设置元件"对话框，输入所监控元件的起始编号和要监控元件的数量，单击"输入"按钮后，会在屏幕上用绿色方块表示需要监控元件的状态。

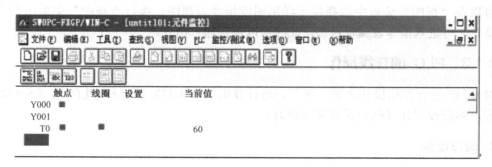

图 4-13　元件监控画面

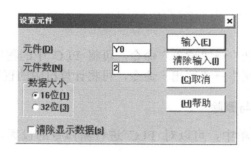

图 4-14　"设置元件"对话框

元件监控画面还可以监控 T, C, D 等元件的当前值。若需要改变当前值，可以选中该元件，然后单击右键进行修改。

选择"监控/测试"菜单，执行"开始监控（光标）"命令，可以直接进入程序界面，在程序上就可以观察元件的状态和数值。

2. 强制

用户可以强制指定值或对变量赋值，所有强制改变的值都存到主机固定的 EEPROM 存储器中。

选择"监控/测试"菜单，执行"强制 ON/OFF"命令，可以对位元件 X, Y 特殊类型的元件 M, S, T, C 等进行置位操作，也可以对 X, Y, M, S, T, C, D, V, Z 等类型的元件进行复位操作。

3. 改变设置值

利用此功能来实现指定元件设定值的改变。

该功能仅在监控梯形图时有效，若光标所在位置为计数器或定时器线圈，选择"监控/测试"菜单，执行"改变设定值"命令，可以对字元件 T, C, D 及特殊字元件 D, V, Z 等进行设定值的改变。

4.2 FX-20P-E 型简易手持编程器的使用方法

FX-20P-E 型简易手持编程器（Handy Programming Panel，简称 HPP）是可编程控制器重要的外部设备，它不但可以为可编程控制器写入程序，还可以用来监视可编程控制器的工作状态。

4.2.1 FX-20P-E 型编程器的操作面板

1. FX-20P-E 型编程器的操作面板

FX-20P-E 型编程器的操作面板如图 4-15 所示。面板的上方是一个 4 行×16 列的液晶显示屏；下方是 7 行×5 列的按键盘，最上面一行和最右边一列为 11 个功能键，其余 24 个键是指令键和数字键。

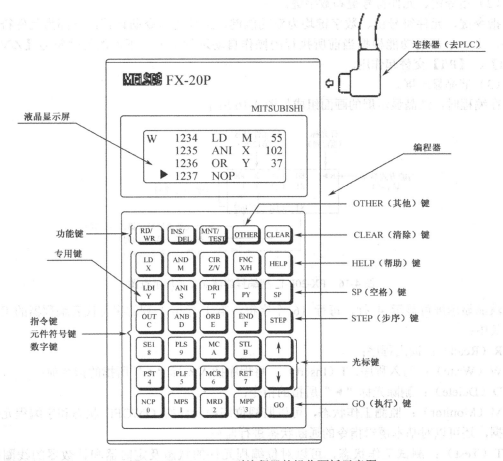

图 4-15　FX-20P-E 型编程器的操作面板示意图

（1）功能键。

11 个功能键在编程时的功能简述如下。

① 【RD/WR】：读出/写入；【INS/DEL】：插入/删除；【MNT/TEST】：监视/测试。以上 3 个功能键交替起作用，按一次时选择第一个功能，再按一次选择第二个功能，编程器当时的工作状态显示在液晶显示屏的左上角。

② 其他键【OTHER】：在任何状态下按此键，立即进入工作方式的选择。

③ 清除键【CLEAR】：如在按【GO】键前（即确认前）按此键，则清除键入的数据。另外，此键也可用于清除显示屏上的出错信息或恢复原来的画面。

④ 帮助键【HELP】：按下【FNC】键后按【HELP】键，显示应用指令一览表，再按下相应的数字键，就会显示出该类指令的全部指令名称。在监视方式下按该键时，进行十进制数和十六进制数的转换。

⑤ 空格键【SP】：在输入多参数的指令时，用此键指定元件号或常数。在监视工作方式下，若要监视位编程元件，先按下【SP】键，再输入该编程元件的元件号。

⑥ 步序键【STEP】：若需要显示某步的指令，可用此键设定步序号。

⑦ 光标键【↑】、【↓】：用此两键移动光标和提示符，指定当前元件的前一个或后一个元件，做行滚动。

⑧ 执行键【GO】：此键用于指令的确认、执行，显示后面的画面（滚动）和再搜索。

（2）指令键、元件符号键和数字键。

指令键、元件符号键、数字键均为双功能键，上部为指令助记符，下部为元件符号或数字，上、下部的功能根据当前所执行的操作自动进行切换。下部的元件符号【Z/V】、【K/H】、【P/I】交替起作用。

（3）液晶显示屏。

在编程时，液晶显示屏的画面组成如图 4-16 所示。

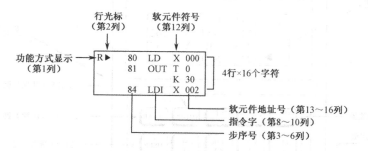

图 4-16　FX-20P-E 型编程器液晶显示屏示意图

液晶显示屏可显示 4 行，每行 16 个字符，第 1 行第 1 列的字符代表编程器的工作方式。其中：

R（Read）：读出程序；

W（Write）：写入程序；I（Insert）：将程序插入光标"▶"所指的指令前；

D（Delete）：删除光标"▶"所指的指令；

M（Monitor）：监测工作状态，可以监视位编程元件的 ON/OFF 状态和字编程元件内的数据，还可以对基本逻辑指令的通断状态进行监视；

T（Test）：测试工作状态，可以对位编程元件的状态及定时器和计数器的线圈强制

ON 或强制 OFF，也可以对字编程元件内的数据进行修改。

2. FX-20P-E 型简易手持编程器的操作过程

（1）操作准备。

用 HPP 带的电缆 FX-20P-CAB0 连接 HPP 和 PLC。

（2）方式选择。

操作 HPP 的键进行联机/脱机方式和功能的选择。

（3）编程。

将 PLC 内部用户程序存储器的程序全部清除，然后用编程器的编辑功能进行编程。

（4）监视。

监视写入的程序是否正确，同时确认所指定元件的动作和控制状态。

（5）测试。

对所指定元件进行强制 ON/OFF 和常数修改。

4.2.2　FX-20P-E 型简易手持编程器工作方式的选择

1. HPP 工作方式选择

HPP 用于 FX 系列 PLC，它有在线（On Line，或为联机）编程和离线（Off line，或为脱机）编程两种工作方式。

按【OTHER】键，进入工作方式选择的操作，此时液晶屏幕显示的内容如图 4-17 所示，其中闪烁的符号 "■" 指明了编程器目前所处的工作方式。用 【↑】或【↓】键将 "■" 移动到选中的方式上，然后再按 【GO】键，就进入所选定的工作方式。

	ONLINE MODE FX
PROGRAM MODE	■1. OFFLINE MODE
■ONLINE（PC）	2. PROGRAM CHECK
PFFLINE（HPP）	3. DATD TRANSFER
（a）在线工作方式选择	（b）离线工作方式选择

图 4-17　FX-20P-E 型编程器工作方式选择画面

在联机编程方式下，可供选择的工作方式共有以下 7 种。

① OFFLINE MODE：脱机方式。

② PROGRAM CHECK：程序检查。

③ DATA TRANSFER：数据传输。

④ PARAMETER：对 PLC 的用户存储器容量进行设置。

⑤ XYM..NO.CONV.：修改 X，Y，M 的元件号。

⑥ BUZZER LEVER：蜂鸣器的音量调节。

⑦ LATCH CLEAR：复位有断电保护功能的编程元件。

2. 用户程序存储器的初始化

在写入程序之前，一般需要将存储器中原有的内容全部清除，先按【RD/WR】键，使 HPP 处于 W（写）工作方式，接着按以下顺序操作：

【NOP】→【A】→【GO】→【GO】

4.2.3 联机编程方式

1. 程序读出

读出方式的根据是步序号、指令、指针和元件。

（1）根据步序号读出（PLC 既可以处于 RUN 状态，也可以处于 STOP 状态）。

先按【RD/WR】键，若要读出步序号为 60 的指令，应按如图 4-18 所示的方式操作。

图 4-18　根据步序号读出的基本操作

在图 4-18 中，键的表示方法为：

表示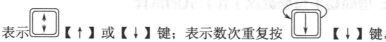【↑】或【↓】键；表示数次重复按 【↓】键。

（2）根据指令读出（PLC 必须处于 STOP 状态）。

PLC 的指令分为基本逻辑指令和应用指令两大类。基本逻辑指令的读出操作如图 4-19 所示。

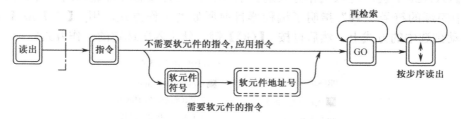

图 4-19　根据指令读出的基本操作

例 4-1　从 PLC 中读出并显示指定指令"PLS M104"。

应按以下的顺序操作：

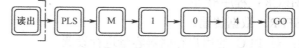

例 4-2　读出数据传送指令"（D）MOV（P）D0 D4"。MOV 指令的应用指令代码为 12，先按【RD/WR】键，使编程器处于 R（读）工作方式，然后按下列顺序操作：

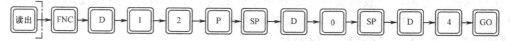

（3）根据指针读出指令（PLC 必须处于 STOP 状态）。

基本操作如图 4-20 所示。

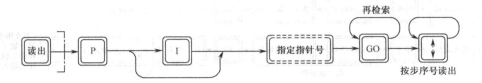

图 4-20　根据指针读出的基本操作

例 4-3　在 R 工作方式下读出 20 号指针的操作步骤如下：

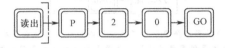

（4）根据元件读出（PLC 必须处于 STOP 状态）。

指定元件符号和地址号，从用户程序存储器读出并显示该程序，其基本操作如图 4-21 所示。

图 4-21　根据元件读出的基本操作

例 4-4　读 Y123 的操作步骤是：

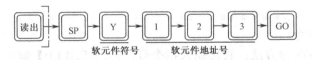

2. 程序写入（PLC 必须处于 STOP 状态）

按【RD/WR】键，使 HPP 处于写（W）工作方式。

（1）写入基本指令。

基本指令写入有 3 种情况：

① 仅有指令符号，不带元件。

② 指令和一个元件。

③ 指令和两个元件。

这 3 种情况的基本操作如图 4-22 所示。

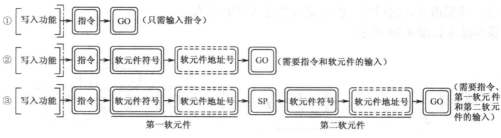

图 4-22　写入功能操作示意图

例 4-5　输入"ORB"指令，其操作如下：

例 4-6　输入"LD X0"指令，其操作如下：

写入 LDP，ANP，ORP 指令时，在按指令键后，还要按【P/I】键；写入 LDF，ANF，ORF 指令时，在按指令键后还要按【F】键；写入 INV 指令时，按【NOP】、【P/I】和【GO】键。

例 4-7　输入"OUT T100 K19"指令，其操作如下：

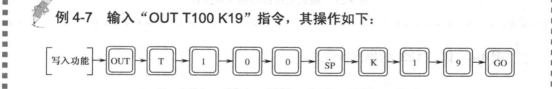

（2）写入应用指令。

输入应用指令有两种方法：直接输入指令号；借助【HELP】键的功能，在所示的指令一览表中检索指令编号，再输入。基本操作如图 4-23 和图 4-24 所示。

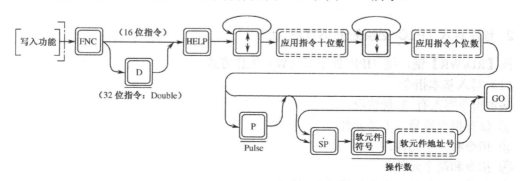

图 4-23　直接输入指令方法的基本操作

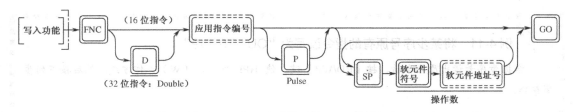

图 4-24 借助【HELP】键输入指令方法的基本操作

✏ **例 4-8** 写入数据传送指令"MOV D0 D2"。

MOV 指令的应用指令编号为 12，写入步骤如下：

写入功能 → INC → 1 → 2 → SP → D → 0 → SP → D → 2 → GO

✏ **例 4-9** 写入数据传送指令"（D）MOV（P）D0 D4"。

操作步骤如下：

写入功能 → INC → D → 1 → 2 → P → SP → D → 0 → SP → D → 4 → GO

✏ **例 4-10** 借助【HELP】键的功能写入数据传送指令"（D）MOV（P）D0 D2"。

操作步骤如下：

写入功能 → INC → 1 → 2 → SP → D → 0 → SP → D → 2 → GO

（3）写入指针。

写入指针的基本操作如图 4-25 所示。若写入中断用的指针，应连续按两次【P/I】键。

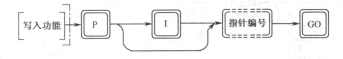

图 4-25 写入指针的基本操作

3. 程序修改（PLC 必须处于 STOP 状态）

（1）修改指定步序号的指令。

例 4-11 将某步序号原有的指令改写为 "OUT T0 K19"。

根据步序号读出原指令后，按【RD/WR】键，使 HPP 处于写（W）工作方式，然后按下列步骤操作：

写入功能 → OUT → T → 0 → SP → K → 1 → 9 → GO

（2）指令的插入。

按【INS/DEL】键使 HPP 处于 I（插入）工作方式，接着按照指令写入的方法将该指令写入，按【GO】键后写入的指令插在原指令之前，后面的指令依次后移。

如在 200 步之前插入指令 "OR X4"，在 "I" 工作方式下首先读出 200 步的指令，然后按以下顺序操作：

INS → OR → X → 4 → GO

（3）指令的删除。

按【INS/DEL】键使 HPP 处于 D（删除）工作方式，接着按功能键【GO】，该指令或指针即被删除。

指定范围的删除：按【INS/DEL】键，使 HPP 处于 D（删除）工作方式，然后按下列步骤操作：

STEP → 起始步序号 → SP → STEP → 终止步序号 → GO

4.2.4 联机监视/测试

使用 HPP 可以对各个位编程元件的状态和各个字编程元件内的数据进行监视和测试。

1. 联机监视

（1）对位编程元件的监视（PLC 必须处于 STOP 状态）。

基本操作如图 4-26 所示。

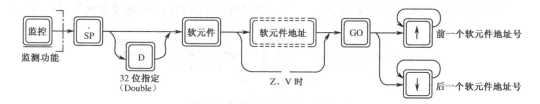

图 4-26 元件监视的基本操作

以监视 X10 的状态为例，先按下【MNT/TEST】键，使 HPP 处于 M（监视）工作方式，然后按下列步骤操作：

SP → X → 1 → 0 → GO

这时屏幕上将显示出 X10 的状态。若在编程元件的左侧有字符"■"，表示该编程元件处于 ON 状态；若没有，表示它处于 OFF 状态。最多可监视 8 个元件。

（2）监视字编程元件（D，Z，V）内的数据。

以监视 16 位数据寄存器 D250 内的数据为例，首先按下【MNT/TEST】键，使 HPP 处于 M（监视）工作方式，然后按下列步骤操作：

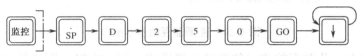

这时屏幕上就会显示出如图 4-27 所示的数据寄存器 D250 内的数据。再按功能键【GO】，将依次显示 D251、D252 等内的数据，且此时显示的数据以十进制数表示。

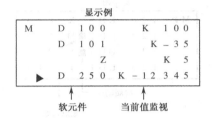

图 4-27　16 位元件的监视

（3）定时器和计数器的监视。

以监视定时器 T100 和计数器 C99 为例，首先按下【MNT/TEST】键，使 HPP 处于 M（监视）工作方式，然后按下列步骤操作：

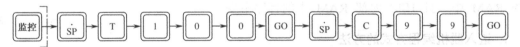

此时屏幕上显示的内容如图 4-28 所示。图中第一行末尾显示的数据 K100 是 T100 的当前值，第二行末尾显示的数据 K250 是 T100 的设定值。通过 P 或 R 的右侧有无"■"标记，可以监视输出触点和复位线圈的 ON/OFF 状态。

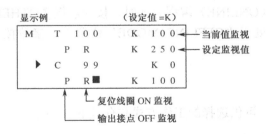

图 4-28　定时器和计数器的监视

（4）通/断检测。

根据步序号或指令读出程序，可以监视软元件的触点和线圈的动作，其操作步骤如图 4-29 所示。

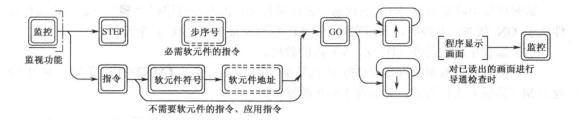

图 4-29　通/断监视的基本操作

在屏幕显示上，若对应的软元件的触点接通或线圈动作时，则该触点或线圈前面显示"■"标记（如图 4-30 所示）。

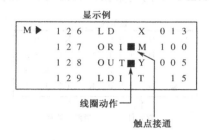

图 4-30　通/断的监测

4.2.5　脱机编程方式

脱机方式编制的程序存放在 HPP 内部的 RAM 中，联机方式键入的程序存放在 PLC 内的 RAM 中，且 HPP 内部 RAM 中的程序不变。

1. 进入脱机编程方式的方法

有两种方法可以进入脱机（OFFLINE）编程方式。

① HPP 接电后，按【↓】键，将闪烁的符号"■"移动到"OFFLINE"位置上，然后再按【GO】键，就进入脱机（OFFLINE）编程方式。

② HPP 处于联机（ONLINE）编程方式时，按功能键【OTHER】进入工作方式选择，此时闪烁的符号"■"处于"OFFLINE MODE"位置上，接着按【GO】键，就进入脱机（OFFLINE）编程方式。

2. 工作方式

在脱机编程方式下，可供选择的工作方式共有以下 7 种：

① ONLINE MODE；

② PROGRAM CHECK；

③ HPP ＜－＞ FX；

④ PARAMETER；

⑤ XYM..NO.CONV.；

⑥ BUZZER LEVER；

⑦ MODULE。

选择"ONLINE MODE"时，HPP 进入联机编程方式。"PROGRAM CHECK"、"PARAMETER"、"XYM..NO.CONV."、"BUZZER LEVER"的操作和联机编程方式下的相同。

3. 程序传送

选择"HPP <-> FX"时，若 PLC 内没有安装存储器卡盒，屏幕显示的内容如图 4-31 所示。按功能键【↑】或【↓】将"■"移动到需要的位置上，再按功能键【GO】就执行相应的操作。其中"HPP → RAM"表示将"HPP 的 RAM"中的用户程序传送到 PLC 内的用户程序存储器中，这时 PLC 必须处于 STOP 状态。"HPP ← RAM"表示将 PLC 内部存储器中的用户程序读入 HPP 内的 RAM 中。"HPP：RAM"表示将 HPP 内 RAM 中的用户程序与 PLC 存储器中的用户程序进行比较。PLC 处于 STOP 或 RUN 状态时都可以进行后两种操作。

```
3. HPP < -> FX

■ HPP  →  RAM

  HPP  ←  RAM

  HPP  :  RAM
```

图 4-31　选择 HPP <-> FX 时，PLC 内没有安装存储器卡盒的屏幕显示的内容

4.3　与、或、非基本逻辑处理实验

4.3.1　实验目的

1．熟悉和掌握常用基本指令的使用方法。
2．熟悉 SWOPC-FXGP/WIN-C 编程软件的使用方法。
3．熟悉手持式编程器的使用方法。
4．了解 PLC 的输入与输出回路。

4.3.2　实验器材

实验器材如表 4-1 所示。

表 4-1　与、或、非基本逻辑处理实验器材一览表

序　号	名　称	型　号	数　量	备　注
1	可编程控制器	FX$_{2N}$-40MR	1 台	
2	个人计算机		1 台	
3	手持编程器	FX-20P-E	1 台	
4	编程电缆		1 根	与 PLC 相配合
5	实验导线	1mm^2	若干	

4.3.3 实验步骤

1. 基本指令实验（LD，LDI，OUT，AND，ANI，OR，ORI，ORB）

（1）运算开始和线圈、定时器实验。

利用 SWOPC-FXGP/WIN-C 编程软件编写图 4-32 所示的梯形图，并按 SWOPC-FXGP/WIN-C 的使用方法将程序写入到 PLC，运行程序，观察程序的运行结果（观察 Y000 和 Y001 在什么条件下有输出）。

实验步骤如下。

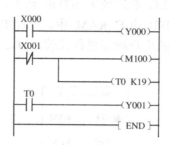

图 4-32 梯形图

① 打开 SWOPC-FXGP/WIN-C 编程软件，在编程窗口编写图 4-32 所示的梯形图，编写好的梯形图如图 4-33 所示。

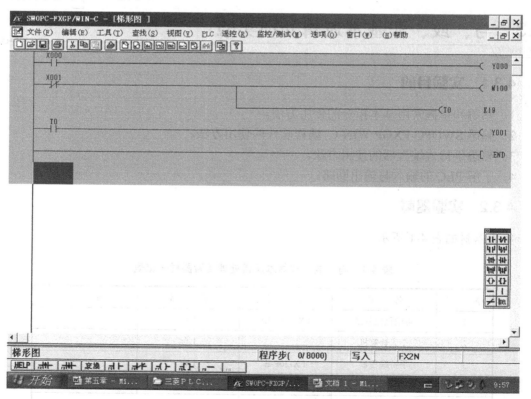

图 4-33 SWOPC-FXGP/WIN-C 编程窗口编好的梯形图

② 在图 4-33 所示的窗口点击工具栏中"转换"按钮，将所编写的梯形图进行转换（由

灰屏转为白屏）。

③ 给 PLC 接入带保护的工作电源（如图 4-34 所示）。

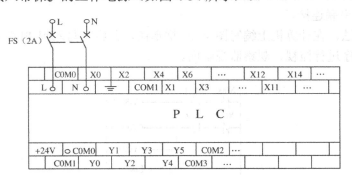

图 4-34　PLC 的实验接线图

④ 将 PLC 与个人 PC 机用编程电缆连接好后，合上图 4-34 中的小空气开关 FS，给 PLC 上电。

⑤ 将 PLC 的运行方式切至 "STOP"（停止）挡，执行 "PLC" → "传送" → "写出" 命令，将弹出如图 4-35 所示画面。

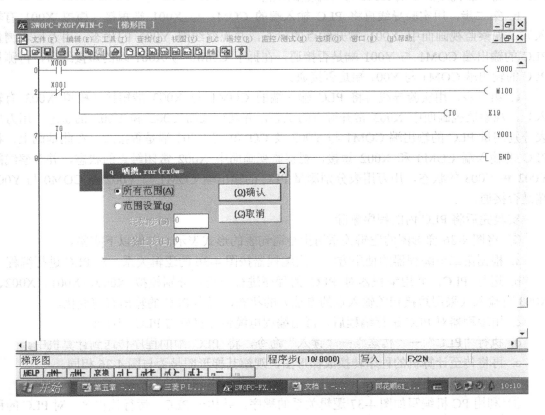

图 4-35　执行 "PLC" → "传送" → "写出" 命令后弹出的画面

在以上画面中，弹出的对话框要求用户选择 PC 机传送程序的范围。先选择所有范围，点击对话框中的 "确认" 按钮，将程序传至 PLC，观察 PC 机屏幕上的变化，并对传程序的过程进行计时。

随后再重复一次程序传至 PLC 的操作，但在图 4-35 画面中，选择"范围设置"单选按钮，起始步设置为 0，终止步设置为 9，再点击"确认"按钮。

（2）触点的串联连接。

按下面①方法，在计算机上编写图 4-36 梯形图，并将其写入到 PLC 中，运行 PLC 并用计算机对其程序进行监视，观察监视画面。

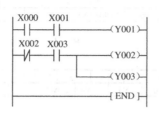

图 4-36　梯形图

① 结合图 4-34 做以下实验。

a. 第一步，用实验导线将 PLC 输入端的 COM0 和 X000 端短接（模拟 X000 有输入），观察监视画面中的 X000 常开触点的状态。

b. 第二步，用实验导线再将 PLC 输入端的 COM1 与 X001 端短接（模拟 X001 有输入），观察监视画面中 X001 常开触点的状态，并观察线圈 Y001 的状态，用万用表测量 PLC 的输出端 COM1 与 Y001 端是否接通，在拆下 COM0 与 X001 端的短接线后，再测量 PLC 的输出端 COM1 与 Y001 端是否接通。

c. 第三步，用实验导线再将 PLC 输入端的 COM1 与 X003 端短接（模拟 X003 有输入），观察监视画面中 X003 常开触点的状态，并观察线圈 Y002 和 Y003 的状态，用万用表分别测量 PLC 的输出端 COM1 与 Y002 及 COM0 与 Y003 端是否接通。在此基础上，将 PLC 的输入端 COM0 和 X002 短接，观察监视画面中 X002 常闭触点的状态，并观察线圈 Y002 和 Y003 的状态，用万用表分别测量 PLC 的输出端 COM1 与 Y002 及 COM0 与 Y003 端是否接通。

实验完后将 PLC 内的程序删除。

② 将图 4-36 梯形图的逻辑关系用指令语句表的形式表示，并做以下实验。

a. 根据第二节编程器的使用方法，用编程器按图 4-36 的逻辑关系，对 PLC 进行编程。

b. 运行 PLC，并用编程器对 PLC 的程序进行监视，分别模拟 X000、X001、X002、X003 有输入（采用短接相关输入点的方法）的状态，观察 PLC 的输出有何变化。

c. 用编程器对 PLC 进行编程后，再用编程电缆将计算机与 PLC 相连接。

d. 执行"PLC"→"传送"→"读入"命令，将 PLC 中的程序传送到计算机中。

e. 再将传至计算机的程序转换成梯形图，观察其梯形图是否与图 4-36 相同。

（3）触点并联连接。

① 利用 PC 机编写如图 4-37 逻辑关系的程序，并传至 PLC。运行该程序，对 PLC 的程序进行监视，观察 Y005 是否有输出；当将 PLC 的运行方式切至"STOP"档时，再观察 Y005 是否有输出。

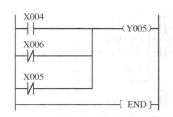

图 4-37　梯形图

思考并做以下实验。

a. 当 PLC 运行后，Y005 有输出，如要使 Y005 无输出，在 PLC 输入回路可采取什么方法？通过实验验证自己的方法是否正确。

b. 当 Y005 无输出后，要使 Y005 有输出，有几种方法？分别实验，以验证自己的方法是否正确。

c. 先将梯形图用指令语句表的形式进行表达，再在计算机上将梯形图转换为指令语句表，观察两者是否相同。

② 利用编程器直接对 PLC 进行编程，以实现图 4-37 的逻辑关系。采用模拟短接的方法，试验 Y005 的输出逻辑关系与用 PC 机编写的程序是否一致。

（4）串联电路的并联连接。

① 利用编程器给 PLC 编写如图 4-38 逻辑关系的程序，运行该程序，对 PLC 的程序进行监视，并做如下实验。

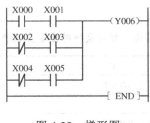

图 4-38　梯形图

a. 用实验导线将 PLC 输入端 X000、X001 与输入公共端（COM 端）短接，观察 Y006 是否有输出，实验完后将短接线拆除。

b. 用实验导线将 PLC 输入端 X003 与输入公共端（COM 端）短接，观察 Y006 是否有输出；随后将 PLC 输入端 X002 与输入公共端（COM 端）短接，观察 Y006 是否有输出，实验完后将线拆除。

c. 用实验导线将 PLC 输入端 X005 与输入公共端（COM 端）短接，观察 Y006 是否有输出；随后将 PLC 输入端 X004 与输入公共端（COM 端）短接，观察 Y006 是否有输出，实验完后将线拆除。

② 利用 PC 机编写如图 4-38 逻辑关系的程序，并传至 PLC，运行该程序，对 PLC 的程序进行监视，按上述的实验方法及步骤进行实验。如果 Y006 输出的结果不同，则说明用手持式编辑器编写的程序有误。

（5）并联电路块的串联连接。

先手动将图 4-39 的梯形图用指令语句表表示，再在 PC 机上编写图 4-39 的梯形图，将其转换成指令语句表后，与前者对照是否一致。

图 4-39　梯形图

4.4　置位、复位及脉冲指令实验

4.4.1　实验目的

1．熟悉和掌握 SET、RST、PLS、PLF 指令的使用方法。
2．熟悉 SWOPC-FXGP/WIN-C 编程软件的使用方法。
3．熟悉手持式编程器的使用方法。
4．熟悉三菱 PLC 输入、输出回路的接线。

4.4.2　实验器材

实验器材如表 4-2 所示。

表 4-2　置位、复位及脉冲指令实验器材一览表

序　号	名　　称	型　号	数　量	备　注
1	可编程控制器	FX$_{2N}$-40MR	1 台	
2	个人计算机		1 台	
3	手持编程器	FX-20P-E	1 台	
4	编程电缆		1 根	与 PLC 相配合
5	实验导线	1mm^2	若干	

4.4.3　实验步骤

1．置位、复位指令实验一

① 在 PLC 的编程软件上编写如图 4-40 所示的梯形图，输入到 PLC，并依次做以下实验。

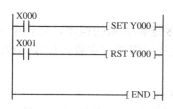

图 4-40　梯形图

a. 将 PLC 调至 "RUN" 运行挡，运行 PLC 观察 PLC 是否有输出。

b. 参照图 4-34 用实验导线短接 PLC 输入端的 COM0 和 X000 端，观察 PLC 的输入端 X000 是否有输入指示，输出端 Y000 是否有输出指示。

c. 取消 PLC 输入端 X000 的短接线，观察 PLC 的输入端 X000 是否有输入指示，输出端 Y000 是否有输出指示。

d. 参照图 4-34 用实验导线短接 PLC 输入端的公共端和 X001，观察输入端 X001 是否有输入指示，输出端 Y000 是否还有输出。

e. 取消 PLC 输入端 X001 的短接线，观察 PLC 的输入端 X001 是否有输入指示，输出端 Y000 是否有输出指示。

完成以上五步实验后，将所有短接线拆除，再做以下实验：先将输入端 X001 与输入公共端短接，然后短接输入端 X000，再观察输入端 X000 是否有输入指示，输出端 Y000 是否有输出指示。

② 利用手编器直接对 PLC 编写图 4-40 所示梯形图的逻辑程序，运行程序，再依次重复以上五步实验，观察利用手编器编写的程序执行的输入结果是否与上述实验结果一致，并理解 SET 和 RST 指令的用法。

2. 置位、复位指令实验二

用 PC 机或手编器给 PLC 编写图 4-41 所示的程序。

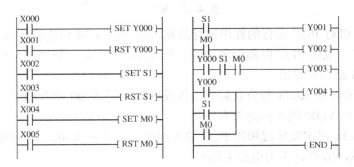

图 4-41　梯形图

用 PC 机编写如图 4-41 所示的梯形图，并将程序写入 PLC，运行程序。按表 4-3 所示的要求用实验导线短接输入公共端与相关的输入端 X，观察 PLC 的输入结果是否与表 4-3 的输入结果（Y）一致，并理解 SET 和 RST 指令的用法。

表 4-3　置位、复位指令实验二输入与输出的逻辑关系

输入						输出				
X000	X001	X002	X003	X004	X005	Y000	Y001	Y002	Y003	Y004
1	0	0	0	0	0	1	0	0	0	1
0	1	0	0	0	0	0	0	0	0	0
0	0	1	0	0	0	0	1	0	0	1
0	0	0	1	0	0	0	0	0	0	0
0	0	0	0	1	0	0	0	1	0	1
0	0	0	0	0	1	0	0	0	0	0

续表

输 入						输 出				
X000	X001	X002	X003	X004	X005	Y000	Y001	Y002	Y003	Y004
1	0	1	0	1	0	1	1	1	1	1
0	1	0	0	0	0	0	1	1	0	1
0	0	0	1	0	0	0	0	1	0	1
0	0	0	0	0	0	0	0	0	0	0

注："1"表示接通（有输入或有输出），"0"表示不通（无输入或无输出）。

3．脉冲输出指令试验。

（1）用 PC 机或手编器给 PLC 输入图 4-42 梯形图的逻辑程序，运行程序，并按照下列步骤依次做如下实验。

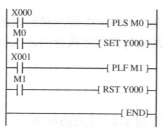

图 4-42　梯形图

① 通过 PC 机对 PLC 运行的程序进行监视，参照图 4-34 用实验导线短接 PLC 输入端的公共端和 X000，观察 PLC 内部程序的触点和线圈有何变化，特别注意辅助继电器 M0 的动作情况及 Y000 是否有输出。

② 将 PLC 输入端 X000 与公共端的短接线拆除（使 X000 的状态由"0"变"1"），观察 PLC 的输出端 Y000 的状态是否有变化。

③ 参照图 4-34 用实验导线短接 PLC 输入端的公共端和 X001，观察输入端是否有输入指示，输出继电器 Y000 是否失电而无输出。

④ 将 PLC 的输入端 X001 与公共端的短接线拆除（使 X001 的状态由"1"变为"0"），在拆除的过程中观察辅助继电器 M1 及输出继电器 Y000 的状态是否发生变化。

（2）用手持编程器对 PLC 输入如图 4-42 所示梯形图的逻辑程序，依次按照上述四步进行实验，观察每步输入端与输出端的状态指示是否一致。

4.5　栈指令、主控指令实验

4.5.1　实验目的

1．熟悉和掌握进栈 MPS、读栈 MRD、出栈 MPP 指令的使用方法。
2．熟悉和掌握主控（MC、MCR）指令的使用方法。
3．熟悉 SWOPC-FXGP/WIN-C 编程软件的使用方法。
4．熟悉手持式编程器的使用方法。
5．熟悉三菱 PLC 输入、输出回路的接线。

4.5.2 实验器材

实验器材如表4-4所示。

表4-4 栈及主控指令实验器材一览表

序 号	名 称	型 号	数 量	备 注
1	可编程控制器	FX$_{2N}$-40MR	1台	
2	个人计算机		1台	
3	手持编程器	FX-20P-E	1台	
4	编程电缆		1根	与PLC相配合
5	实验导线	1mm^2	若干	
6	转换开关	NP3-3	11个	常开按钮
7	信号灯	ND16-22	6个	AC 220V

4.5.3 实验步骤

1. 进栈MPS、读栈MRD、出栈MPP指令实验

（1）实验一：用PC机或编程器给PLC输入如图4-43所示的程序，运行程序后，依次做以下实验。

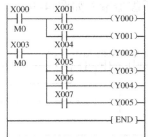

图4-43 梯形图

① 按图4-44对PLC进行实验接线。

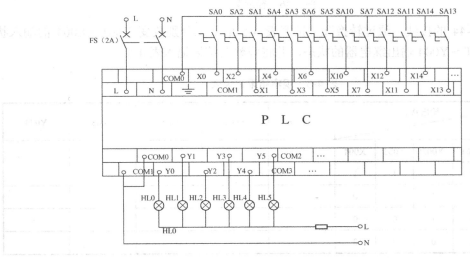

图4-44 接线图

② 将图 4-44 中的 SA0 和 SA1 接通后，利用 PC 机对 PLC 的程序进行监视。

③ 对照梯形图分析，分别要使 Y000，Y001，Y002，Y003，Y004，Y005 有输出，应分别投入哪些开关？并分别进行实验，以验证分析是否正确。

④ 将 SA0～SA7 全部投入后，观察 PLC 的输出指示并监视 PLC 的程序，对照 PLC 的输出指示和所监视的画面中的输出状态是否一致；随后将 SA0 和 SA3 断开，再观察 Y000～Y005 的状态是否发生变化。

⑤ 在完成以上实验后，不更改原有 PLC 输入、输出的接线，将所有转换开关断开，利用手编器写入如图 4-45 所示的程序。

0	LD X000	11	MRD
1	MPS	12	AND X005
2	AND X001	13	OUT Y003
3	OUT Y000	14	MRD
4	MPP	15	AND X006
5	AND X002	16	OUT Y004
6	OUT Y001	17	MPP
7	LD X003	18	AND X007
8	MPP	19	OUT Y005
9	AND X004	20	END
10	OUT Y002		

图 4-45 指令语句表

⑥ 运行 PLC 后，重做上述②～④的实验，比较各输出继电器的状态是否一致。

（2）实验二：利用 PC 机或手编器输入如图 4-46 所示的梯形图，运行并监视程序，并完成以下实验。

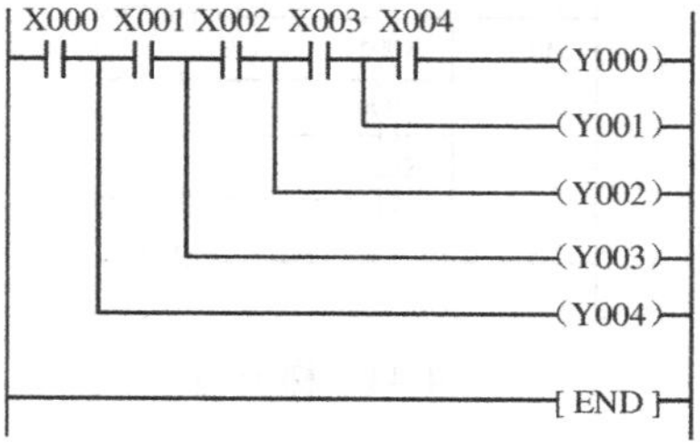

图 4-46 梯形图

按照图 4-44 的接线，通过转换开关按照表 4-5 的要求分别改变 X001～X004 的输入状态，观察 Y000～Y004 输出继电器的状态，并将观察的结果记入表 4-5。

表 4-5 观察结果记录表

输入状态 ＼ 输出状态					Y000	Y001	Y002	Y003	Y004
	X001	X002	X003	X004					
X000= ON "1"	1	1	1	1					
	1	1	1	0					
	1	1	0	0					
	1	0	0	0					

续表

输入状态＼输出状态					Y000	Y001	Y002	Y003	Y004
	0	0	0	0					
X000 = ON	0	1	1	1					
	0	0	1	1					
	0	0	0	1					
X000 = OFF									

注：状态"1"即开关信号接通（有输入）或有输出（ON）；状态"0"表示信号不通（无输入）或没有输出（OFF）。

2．主控指令实验

（1）利用 PC 机编写如图 4-47 的梯形图。

对 PLC 按图 4-44 的方式接线，将程序写入 PLC，并运行程序，按照表 4-6 的要求通过各转换开关分别改变 X000～X013 的输入状态，并通过 PC 机监视程序画面和 PLC 的输出指示，观察并记录输出继电器 Y000～Y005 的输出状态，理解主控指令的使用方法。

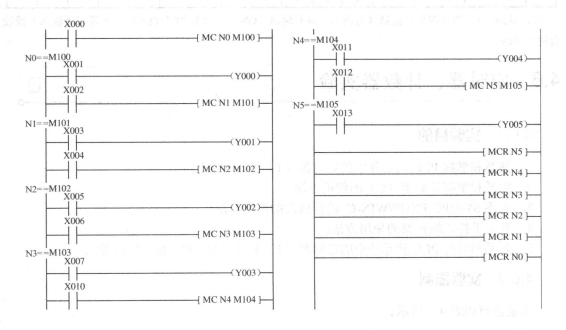

图 4-47　梯形图

表 4-6　输入/输出的逻辑关系

| 输入状态 | | | | | | | | | | | | 输出状态 | | | | | |
X000	X001	X002	X003	X004	X005	X006	X007	X010	X011	X012	X013	Y000	Y001	Y002	Y003	Y004	Y005
0	0	0	0	0	0	0	0	0	0	0	1						
0	0	0	0	0	0	0	0	0	0	1	1						
0	0	0	0	0	0	0	0	0	1	1	1						
0	0	0	0	0	0	0	0	1	1	1	1						
0	0	0	0	0	0	0	1	1	1	1	1						
0	0	0	0	0	0	1	1	1	1	1	1						
0	0	0	0	0	1	1	1	1	1	1	1						
0	0	0	0	1	1	1	1	1	1	1	1						
0	0	0	1	1	1	1	1	1	1	1	1						
0	0	1	1	1	1	1	1	1	1	1	1						
0	1	1	1	1	1	1	1	1	1	1	1						
1	1	1	1	1	1	1	1	1	1	1	1						
1	1	1	1	1	0	1	0	1	0	1	0						
1	0	1	1	0	1	1	1	1	1	1	1						
1	0	1	0	1	1	0	0	0	0	0	0						
1	0	1	0	1	1	0	1	0	1	0							

注：状态"1"即开关信号接通（有输入）或有输出（ON）；状态"0"表示信号不通（无输入）或没有输出（OFF）。

4.6　定时器、计数器实验

4.6.1　实验目的

1．熟悉和掌握 PLC 软元件中的定时器（T）的使用方法。
2．熟悉和掌握计数器（C）的使用方法。
3．熟悉 SWOPC-FXGP/WIN-C 编程软件的使用方法。
4．熟悉手持式编程器的使用方法。
5．熟悉和掌握 PLC 软元件中的定时器（T）和计数器（C）参数的设置。

4.6.2　实验器材

实验器材如表 4-7 所示。

表 4-7　定时器、计数器实验器材一览表

序　号	名　　称	型　　号	数　量	备　注
1	可编程控制器	FX$_{2N}$-40MR	1 台	
2	个人计算机		1 台	
3	手持编程器	FX-20P-E	1 台	

续表

序　号	名　称	型　号	数　量	备　注
4	编程电缆		1 根	与 PLC 相配合
5	实验导线	1mm²	若干	
6	刀开关	HK-15	1 个	
7	信号灯	ND16-22	2 个	AC 220V
8	数字式电秒表		1 台	精度 100ms

4.6.3　实验步骤

1．非积算定时器实验

（1）按图 4-48 所示接好定时器实验的电路。

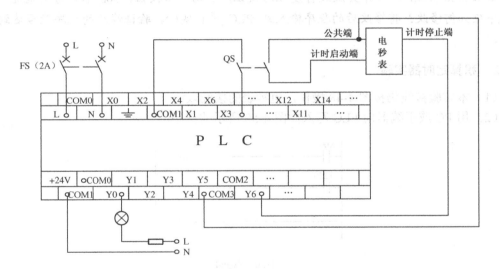

图 4-48　接线图

在图 4-48 中，QS 为双极刀开关。电秒表是用来计时的，要求计时精度达到 100ms。当电秒表公共端与计时启动端短接时，开始计时；当公共端与计时停止端短接时，停止计时，并保持当前计时的实时值。

（2）按图 4-48 接好线之后，用 PC 机或手编器写入如图 4-49 所示的程序。

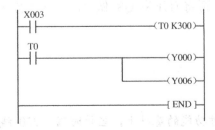

图 4-49　梯形图

（3）运行程序，利用 PC 机对 PLC 的程序进行监视，合上电秒表及信号灯的电源开关，并依次做如下实验。

① 合上刀开关 QS，通过 PC 机对 PLC 的监视画面，观察定时器 T0 有何现象。

② 当信号灯亮后，观察电秒表的计时时间与定时器的设定时间是否一致。

③ 当信号灯亮后，断开刀开关 QS，观察计时器、输出继电器 Y000 和 Y006 有何变化，信号灯有何变化。

④ 再次合上刀开关 QS，观察电秒表的计时数据；当计时到 10s 左右后，迅速将刀开关断开，观察定时器 T0 的状态；随后复归电秒表，再将刀开关 QS 合上，观察此时开始到 Y000、Y006 有输出的时间是多少。

思考

如果将图 4-48 的刀开关改成自复位的按钮，点动一下按钮，30s 后信号灯能亮，PLC 的程序应如何修改？将修改后的程序输入到 PLC 进行实验，验证修改的程序能否达到控制要求。

2．积算定时器实验

（1）本实验接线仍按图 4-48 操作，电秒表的接线取消。

（2）用 PC 或手编器向 PLC 写入如图 4-50 所示的程序。

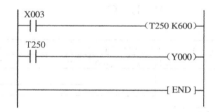

图 4-50　梯形图

（3）运行程序，利用 PC 机对 PLC 的程序进行监视，并依次做如下实验。

① 合上刀开关 10s 后，将开关断开，观察监视画面有何变化。

② 再合刀开头 10s 后，又将开关断开，观察监视画面有何变化。

③ 将 PLC 的电源断开后再恢复电源，监视 PLC 的程序有何变化。

④ 再合上刀开关 40s 后，观察输出继电器 Y000 的状态。

⑤ 当 Y000 有输出后，再将刀开关 QS 做"断开→闭合→断开→闭合"的操作，观察 Y000 的状态是否发生变化。

思考

在保证 T250 有累计计时功能的基础上，当计时器 T250 线圈得电，其常开触点闭合使 Y000 线圈得电有输出后，要使 Y000 线圈失电无输出，应对程序如何修改？PLC 的输入端是否要增加输入点？

将修改后的程序输入到 PLC 进行实验，以证实修改后的程序是否能达到控制要求。

3. 计数器实验

（1）计数器的实验接线图如图 4-51 所示。

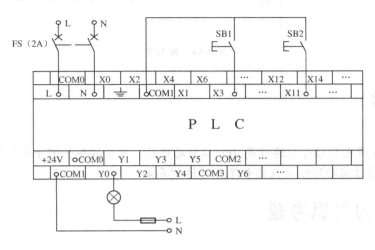

图 4-51 接线图

（2）用 PC 机或手编器向 PLC 写入如图 4-52 所示的程序。

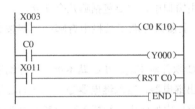

图 4-52 梯形图

（3）运行程序并在线监视程序，依次做如下实验。

① 按下 SB1 自复位按扭不松手，观察计数器 C0 的当前值为多少；当将接通的按钮 SB1 松手后（SB1 断开），观察计数器 C0 的当前值有无变化。

② 再对按钮 SB1 进行 9 次点动操作，观察 C0 的当前值为多少，C0 的常开触点是否接通，输出继电器 Y000 是否得电而有输出，信号灯是否亮。

③ 当信号灯亮后，再次对按钮 SB1 进行多次操作，观察 C0 的当前值有无变化。

④ 按下按钮 SB2 不松手后，观察计数器 C0 和输出继电器 Y000 的状态，当松开按钮 SB2 后（SB2 断开），观察计数器 C0 和输出继电器 Y000 的状态有无变化。

（4）当图 4-52 中 PLC 程序的计数器 C0 的参数由"10"改为"20"后，运行程序，对 SB1 进行操作，观察 SB1 需由断开变化接通多少次后信号灯才亮。

（5）在 PLC 的接线不变的情况下，将 PLC 内部程序修改成如图 4-53 所示的程序，并运行程序，按下按钮 SB1 后，观察 C0 和 Y000 的状态。

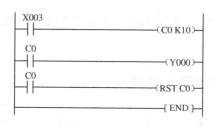

图 4-53　梯形图

 思考

要使 Y000 带电后信号灯连续亮 10s 后自动熄灭，应对程序如何修改？将修改后的程序写入 PLC，并通过实验验证所改的程序是否达到要求。

 复习与思考题

1. 启动 SWOPC-FXGP/WIN-C 软件后，需要对 FX$_{1S}$ 的 PLC 新编写一个程序，应如何选择 PLC 的类型？

2. 在 SWOPC-FXGP/WIN-C 主窗口中，主要包括哪几个部分？

3. 在 SWOPC-FXGP/WIN-C 主窗口标准工具栏中有哪些主要按钮？各按钮的作用是什么？如何使用？

4. 利用 SWOPC-FXGP/WIN-C 软件对 FX$_{2N}$ PLC 基本单元进行编程，当输出继电器编号设置为 Y400 时是否正确？在软件中如何知道输出继电器、输入继电器等软元件的编号的范围？

5. 在 SWOPC-FXGP/WIN-C 窗口中如何进行行插入和行删除的操作？

6. 在 SWOPC-FXGP/WIN-C 窗口中如何对程序进行注释？

7. 在 SWOPC-FXGP/WIN-C 窗口中如何进行查找操作？

8. 在 SWOPC-FXGP/WIN-C 窗口中如何将 PLC 的程序传至计算机？

9. 在 SWOPC-FXGP/WIN-C 窗口中如何将计算机中的程序传至 PLC？

10. 在 SWOPC-FXGP/WIN-C 窗口中如何对 PLC 进行在线诊断操作？

11. 在 SWOPC-FXGP/WIN-C 窗口中如何对 PLC 中的梯形图进行在线监视？

12. 在 SWOPC-FXGP/WIN-C 窗口中如何对相关软继电器的线圈进行强制操作？

13. FX-20P-E 型编程器有多少个功能键？各功能键的作用分别是什么？

14. FX-20P-E 型编程器显示屏上的"R"、"W"、"D"、"M"、"T"分别代表编程器什么样的工作方式？

15. 简述使用 FX-20P-E 型编程器的操作过程。

16. FX-20P-E 型编程器有几种工作方式？如何选择操作方式？

17. 利用 FX-20P-E 型编程器如何将 PLC 原有用户程序全部清除？

18. FX-20P-E 型编程器如何根据步序号、指令、指针和元件读出 PLC 中的程序？

19. 如何利用 FX-20P-E 型编程器将基本指令写入 PLC？

20. 如何利用 FX-20P-E 型编程器将功能指令写入 PLC？

21．如何利用 FX-20P-E 型编程器修改指定步序号的指令？

22．如何利用 FX-20P-E 型编程器对 PLC 的程序进行插入和删除的操作？

23．如何利用 FX-20P-E 型编程器对各个位编程元件的状态和各个字编程元件内的数据进行监视和测试？

24．FX-20P-E 型编程器的联机编程和脱机编程有什么不同？

第 5 章

步进指令及其编程

FX 系列 PLC 除了 20 条基本指令外，还有 2 条功能很强的步进顺序控制指令，简称步进指令。采用步进指令编程，方法简单，规律性较强，初学者较容易掌握。利用步进指令可以编写出较复杂的控制程序。对有一定基础的操作人员来说，采用步进指令编程可大大提高工作效率，并给调试、修改程序带来很大的方便。

本章主要介绍步进指令的功用和编程方法。

5.1 顺序控制与状态流程图

根据状态流程图，采用步进指令可对较复杂的顺序控制进行编程。为了能较好地掌握步进指令并能灵活应用，应对顺序控制和状态流程图的概念有所了解。

5.1.1 顺序控制的概念

所谓顺序控制，就是按照生产工艺所要求的动作规律，在各个输入信号的作用下，根据内部的状态和时间顺序，使生产过程的各个执行机构自动地、有秩序地进行操作。在实现顺序控制的设备中，输入信号一般由按钮、位置开关、接近开关、流量开关、液位开关、温度控制器、压力控制器等触点发出；输出执行机构一般是继电器、接触器、电磁阀等线圈。通过接触器控制电动机或通过电磁阀控制液压装置的动作时，都可以使生产机械按顺序工作。在顺序控制中，生产过程是按顺序、有步骤地连续工作，因此，可以将一个较复杂的生产过程分解成若干步骤，每一步对应生产过程中的一个控制任务，也称一个工步（一个状态）。在顺序控制的每个状态中，都应含有完成相应控制任务的输出执行机构和转移到下一步的转移条件。

在顺序控制中，生产工艺要求一个状态必须严格按规定的顺序执行，否则将造成严重后果。为此，顺序控制中每个状态都要设置一个控制元件，保证在任何时刻，系统只能处于一种工作状态。FX 系列 PLC 中规定状态继电器为控制元件。状态继电器有 S0～S899 共900 点，其中 S0～S9 为初始状态的专用继电器，S10～S19 为回零状态的专用继电器；S20～S899 为一般通用的状态继电器，可以按顺序连续使用。

当顺序控制执行至某一状态时，该状态对应的控制元件被驱动，控制元件使该状态所有输出执行机构动作，完成相应控制任务。当向下一个状态转移的条件满足时，下一个状态对应的控制元件被驱动，同时，该状态对应的控制元件自动复位，完成一个状态的控制任务。

例如，三相异步电动机 Y-△降压启动控制就可以看做是简单的顺序控制过程，其控制过程的流程图如图 5-1 所示。

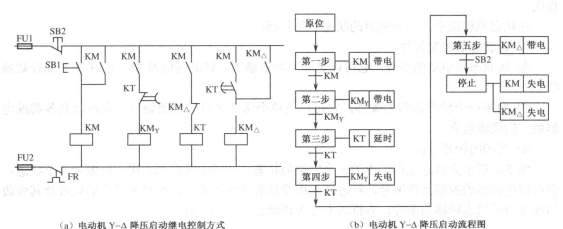

(a) 电动机 Y-△ 降压启动继电控制方式　　　　(b) 电动机 Y-△ 降压启动流程图

图 5-1　三相异步电动机 Y-△降压启动控制动作流程图

在 Y-△降压启动控制过程中，输入信号由启动按钮 SB1 和停电按钮 SB2 发出，输出执行机构是 KM、KM_Y、$KM_\triangle$三个接触器。获得启动信号后，进入第一工步，接触器 KM 线圈带电并自锁，将电动机电源接通。这一步动作完成后，第一工步停止，转移到第二工步，但因 KM 自锁，KM 线圈继续带电。第二工步动作是使接触器 KM_Y 线圈带电并自锁，将电动机定子绕组接成 Y 连接。这一步动作完成后，第二工步停止，转移到第三工步。第三工步动作是采用延时控制的方式，使电动机在这段时间内进行降压启动，延时时间一到，第三工步停止，转移到第四工步。在第四工步动作中，将接触器 KM_Y 断开，使电动机定子绕组断开 Y 连接，电动机暂时性断电，处于惯性转动，KM_Y 复位后其常闭触点闭合，使状态转移到第五工步，第四工步停止。在第五工步动作中，接触器 $KM_\triangle$线圈带电，电动机定子绕组接成△连接，电动机进入正常运转状态。当按下停止按钮 SB2 时，由第五工步转移到最后一个工步，第五工步停止。在最后一个工步中，接触器 KM 和 $KM_\triangle$都断开，电动机停止运转。

图 5-1 中可以看到，每个方框表示一步，方框之间用带箭头的直线相连，箭头方向表示工步转换方向。按生产工艺过程，将工步转换条件写在直线旁边，工步的转换条件是上一步的执行结果，也是进入下一步的前提。在每个方框的右边，给出该工步所控制的输出执行机构。

由以上分析可知顺序控制具有以下特点：

① 每个工步（状态）都应分配一个控制元件，确保顺序控制正常进行；

② 每个工步（状态）都具有驱动能力，能使该工步的输出执行机构动作；

③ 每个工步（状态）在转换条件满足时，都会转移到下一个工步，而旧工步自动复位。

顺序控制的动作流程是画状态流程图的基础，对动作流程图的了解，有助于我们理解状态流程图。

5.1.2 状态流程图

任何一个顺序控制过程都可分为若干步骤，每一个工步就是控制过程中的一个状态，所以顺序控制的动作流程图也称为状态流程图。状态流程图是用状态来描述控制过程的流程图。

在状态流程图中，一个完整的状态必须包括：

① 该状态的控制元件；

② 该状态所驱动的负载，它可以是输出继电器 X、辅助继电器 M、定时器 T 和计数器 C 等；

③ 向下一个状态转移的条件，它可以是单个常开触点或常闭触点，也可以是各类继电器触点的逻辑组合；

④ 明确的转移方向。

图 5-2 所示为状态流程图中的一个完整的状态。从图中可看到，用方框表示一个状态，框内标明状态的控制元件编号，状态之间用带箭头的线段连接，线段上垂直的短线及其旁边的标注表示状态转移的条件，方框的右边为该状态的输出信号。

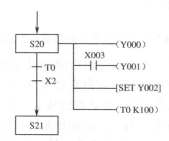

图 5-2　状态流程示意图

图 5-2 中，当状态继电器 S20 接通时，顺序控制进入该状态。输出继电器 Y000 被驱动，如果 X003 的常开触点闭合，则输出继电器 Y001 也被驱动；通过指令"SET Y002"，使输出继电器 Y002 置位并自锁，定时器 T0 线圈被驱动，开始计时，当延时时间一到（10s），T0 常开触点闭合。假如 X002 的常开触点也是闭合的，转移下一步的条件（T0 与 X2"与"的逻辑运算结果为"1"）满足，顺序控制将转移到下一个状态。转移到 S21 新状态后，老状态 S20 自动复位断开，这一状态下的动作停止，Y000、Y001 和 T0 也都随之复位，Y002 因 SET 指令的作用，仍保持接通状态，只有在后续的动作中，用 RST 指令才能使 Y002 复位。

三相异步电动机 Y-△降压启动和停止的控制过程的状态流程图如图 5-3 所示。

初始状态是状态转移的起始"位置"，也就是准备阶段。一个完整的状态流程图必须要设置初始状态。图 5-3 中，S0 为初始状态，用双线框表示。从图中可看出进入初始状态 S0 有两种情况：一种情况是 PLC 开机后，特殊继电器 M8002（初始化脉冲，仅在 PLC 运行开始瞬间接通）常开触点闭合一个扫描周期，使转移条件满足，进入到 S0 状态；另一种情况是在 S25 状态中，RST 复位指令执行后，Y000 与 Y002 的常闭触点闭合，使转移条件满足，由 S25 状态转移到 S0 初始状态，为下一次电动机 Y-△降压启动做准备。两种情况是"或"逻辑关系，所以用并列的两个带箭头的线段表示。

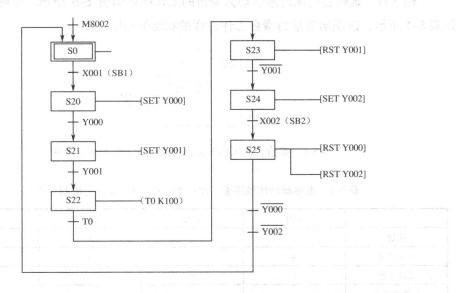

图 5-3　三相异步电动机 Y-△降压启动和停止的控制过程的状态流程图

在状态流程图中，输入信号或输出信号都是 PLC 中输入继电器或输出继电器的动作，因此，画状态流程图之前，仍应根据控制系统的输入信号和输出信号，分配 PLC 的输入点和输出点。电动机 Y-△降压启动的 PLC 输入点和输出点的分配如图 5-4 所示。

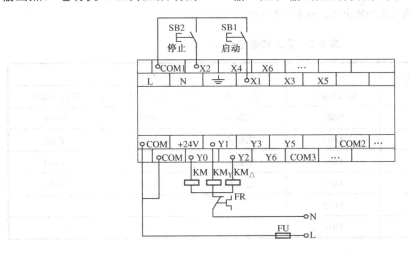

图 5-4　电动机 Y-△降压启动的 PLC 输入点和输出点分配示意图

在状态流程图中，一段延时也应看成一个状态。例如图 5-3 中 S22 状态，是延时 10s 的动作，这个状态开始执行时，T0 线圈得电开始计时，当 10s 时间一到，T0 常开触点闭合，转移条件满足，S23 状态置位，S22 状态复位。

例 5-1 某给合机床的液压动力滑台的工作循环如图 5-5 所示，电磁阀动作顺序如表 5-1 所示。试画出该动力滑台工作过程的状态流程图。

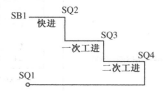

图 5-5 某给合机床的液压动力滑台的工作循环示意图

表 5-1 电磁阀动作顺序表（注：表中标"+"表示电磁阀动作）

	YV1	YV2	YV3	YV4
快进	+	−	+	−
一次工进	+	−	−	−
二次工进	+	−	−	+
长挡铁停留	+	−	−	+
快退	−	+	−	−
停止	−	−	−	−

解：

（1）分配 PLC 的输入点和输出点，如表 5-2 所示。

表 5-2 输入和输出点分配表

输入信号			输出信号		
名 称	代 号	输入点编号	名 称	代 号	输出点编号
启动按钮	SB1	X001	电磁阀	YV1	Y001
停止按钮	SB2	X002	电磁阀	YV2	Y002
行程开关	SQ1	X011	电磁阀	YV3	Y003
行程开关	SQ2	X012	电磁阀	YV4	Y004
行程开关	SQ3	X013			
行程开关	SQ4	X014			

PLC 的接线图如图 5-6 所示。

（2）分析液压动力滑台的控制过程，将其分解成相应的状态，并确定每个状态下的输出信号。

因为动力滑台的控制过程是一个典型的顺序控制，动力滑台的工作循环图已清楚地表示出在一个工作循环中有快进、一次工进、二次工进、停 20s、快退等五个工作状态，加上初始状态，整个控制过程共有六个状态。在五个工作状态中，输出信号应该有哪些，可以根据电磁阀动作顺序表确定，例如在快进这一工作状态中,有 YV1 和 YV3 两个电磁阀动作,即 PLC 的 Y001 和 Y003 两个输出点应有输出信号;在停留这一个动作中,除 Y001 与 Y004 有输出信号外,还应由定时器控制 20s 的时间。

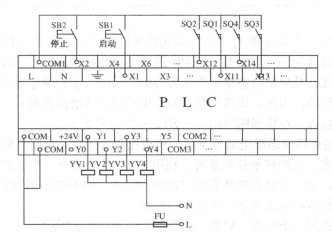

图 5-6　某给合机床的液压动力滑台 PLC 控制接线示意图

(3) 分配每一个状态的控制元件,即状态继电器。初始状态的控制元件只能采用 S0 ~ S9 中的一个,其他各个状态可以从 S20 开始分配。

(4) 确定每一个状态的转移条件。由液压动力滑台的工作循环图可以确定,动力滑台在原位时,按下启动按钮 SB1,动力滑台进入快进的工作状态,当动力滑台碰到 SQ2 时转入到一次工进的工作状态,碰到 SQ3 时转入到二次工进的工作状态。当动力滑台碰到 SQ4 后,停顿 20s,此后,转入到快退的工作状态,当碰到 SQ1 后停在原位。

将所有转移条件标清后,画出完整的状态流程图,如图 5-7 所示。

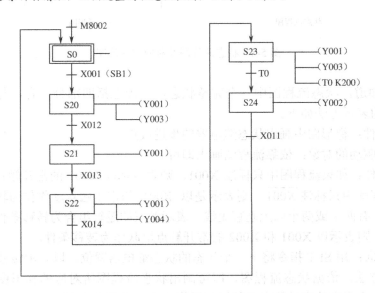

图 5-7　某给合机床的液压动力滑台 PLC 控制的状态流程图

5.2　步进指令及使用说明

我们已经知道每一个状态都有一个控制元件来控制该状态是否动作，保证在顺序控制过程中，任意时刻只能处于一个状态，使生产过程有序地按步进行，所以顺序控制也称为步进控制。FX 系列 PLC 是采用状态继电器作为控制元件的，状态继电器是利用其常开触点来控制该状态是否动作的，因此，该常开触点的作用不同于普通常开触点。控制某一个状态的常开触点称为步进接点，在梯形图中用"—|STL|—"符号表示。

当利用 SET 指令将状态继电器置位后，步进接点就闭合，此时，顺序控制就进入该步进接点所控制的状态。当转移条件满足时，利用 SET 指令将下一个状态的控制元件（即状态继电器）置位后，上一个状态的状态继电器自动复位，而不必采用 RST 指令复位。顺序控制的状态发生转移后，将进入下一个状态的动作。

状态流程图中的某一个状态，如果用梯形图表示如图 5-8 所示。

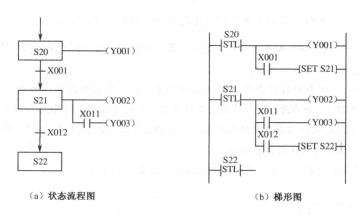

（a）状态流程图　　　　　　　　　（b）梯形图

图 5-8　状态流程图及对应的梯形图

我们已经知道，状态流程图中一个完整状态，必须包括四部分内容，与此相对应的内容在梯形图中的表示方法如下。

① 控制元件：梯形图中画出状态继电器的步进接点。

② 状态所驱动的对象：依靠流程图画出即可。

③ 转移条件：如果流程图中只标注 X001，则表示是以 X001 的常开触点动作作为转移条件；如果流程图中只标注 $\overline{X001}$，则表示是以 X001 的常闭触点动作作为转移条件；如果带箭头的线段上有两个或两个以上垂直短线，表示触点的逻辑组合为转移条件。例如标注了 X001 和 X002，则表示以 X001 和 X002 的常开触点串联作为转移条件。

④ 转移方向：用 SET 指令将下一个状态的状态继电器置位，以表示转移方向。

根据上述方法，依据状态流程图，即可画出状态流程图所对应的梯形图。在用编辑器输入程序时，梯形图中的步进接点必须用步进指令表示成指令语句。

步进指令有两条：STL 指令和 RET 指令。

1. STL 指令

STL 指令称为"步进接点"指令，其功能是将步进接点接到左母线。STL 指令的操作元件是状态继电器 S。

STL 指令的应用如图 5-9 所示。

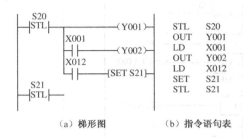

（a）梯形图　　（b）指令语句表

图 5-9　STL 指令的用法

步进接点只有常开触点，没有常闭触点。步进接点接通，需要用 SET 指令进行置位。步进接点闭合，其作用如同主控触点闭合一样，将左母线移到新的临时位置，即移到步进接点右边，相当于副母线，这时，与步进接点相连的逻辑行开始执行。可以采用基本指令写出指令词句表，与副母线相连的触点可以采用 LD 指令或 LDI 指令（如图 5-9（b）所示）。

2. RET 指令

RET 指令称为"步进返回"指令，其功能是使副母线返回到原来左母线的位置。RET 指令没有操作元件。RET 指令的应用如图 5-10 所示。

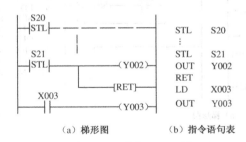

（a）梯形图　　（b）指令语句表

图 5-10　RET 指令的用法

在每条步进指令后面，不必都加一条 RET 指令，只需在一系列步进指令的最后接一条 RET 指令。但必须要有 RET 指令。

> **例 5-2** 画出图 5-11 所示状态流程图的梯形图，并写出指令语句表。
>
> **解：** 状态流程图中每个方框表示一个状态，方框中标出了该状态的控制元件。由状态流程图可看到，S21 状态可以由转移条件 X000 置位，也可以在 S21 状态通过转移条件 X010 置位，用"SET S21"指令或"OUT S21"指令都可以。画梯形图时，可以从 X000 开始，依次画出每个状态的梯形图，在 S24 状态中加入 RET 指令，最后以 END 指令结束。完整的梯形图如图 5-12 所示。

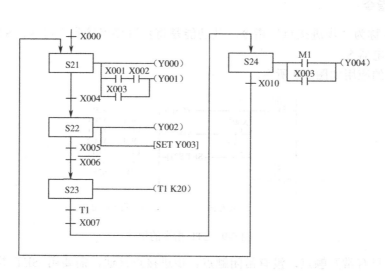

图 5-11　某设备 PLC 控制的流程图

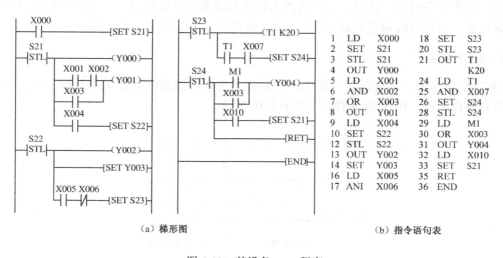

（a）梯形图　　　　　　　　　　　　（b）指令语句表

图 5-12　某设备 PLC 程序

3. 步进指令的使用说明

（1）步进接点与左母线相连时，具有主控和跳转作用。

当步进接点闭合时具有主控作用，此时步进接点后面的电路块才动作；而步接点断开时，其后的电路块不动作，相当于被跳转了一样。

（2）状态继电器 S0～S899 只有在使用 SET 指令以后才具有步进控制功能，提供步进接点。同时，状态继电器还可提供普通的常开触点和常闭触点。

（3）状态继电器也可以作为普通的辅助继电器使用，功能与辅助继电器完全相同，但这时其不提供步进接点。

（4）在状态转移过程中，会出现在一个扫描周期的时间内两个状态同时动作的可能。因此，在两个状态中不允许同时动作的负载之间必须有联锁措施。如图 5-13 所示，Y001 与 Y002 两个输出不允许同时出现，用常闭触点与对应线圈串联，实现联锁。

因在一个扫描周期内可能会出现两个状态同时动作的情况，所以，在相邻的两个状态中不能使用同一个定时器，因为其指令会互相影响，使定时器无法复位。如果不是相邻的两个状态，则可以使用同一个定时器，如图 5-14 所示。因此，不相邻的状态中可重复使用同一个定时器。一般系统只需 2～3 个定时器就能满足要求，这样可以节省很多定时器。

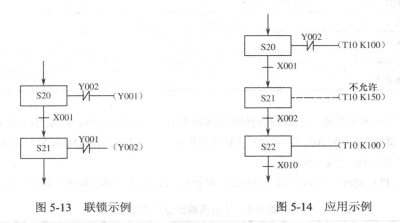

图 5-13　联锁示例　　　　　　　图 5-14　应用示例

（5）状态继电器使用时可以按编号顺序使用，也可以任意选择使用，但不允许重复使用。

（6）步进接点之后的电路块中不允许使用主控 MC/MCR 指令。

5.3　步进指令的编程方法

5.3.1　如何应用步进指令编程

总结前面所介绍的内容，我们知道步进指令是顺序控制的一种编程方法，采用步进指令编程时，一般需要下面几个步骤。

① 根据 PLC 的型号分配其输入点和输出点，画出 PLC 的接线图，列出输入点和输出点的分配表（工程上为输入/输出定义表）。

② 根据控制要求或加工工艺要求，画出顺序控制的状态流程图。

③ 根据状态流程图，画出相应的梯形图。

④ 根据梯形图，写出对应的指令语句表（如是用编程软件编程，可以直接将梯形图转换成指令语句表）。

⑤ 用编程器输入程序（用 PC 机时可用梯形图或是指令语句表，用手编器时用指令语句表）。

⑥ 根据控制要求调试程序。

例 5-3 表 5-3 给出了一个按时间顺序进行控制的动作流程，试采用三菱 PLC 控制，并设计编写其控制程序。

表 5-3 某设备按时间顺序进行控制的动作流程图

输出 \ 时间(s)	0	5	10	15	20	25	30	35	40	45
红灯 HL1		←———→								
黄灯 HL2				←————————————→						
蓝灯 HL3					←————→				←———→	
接触器 KM		←————————————————————————→								
电磁阀 YV						←————————→				

解：表 5-3 中水平黑线表示在对应的时间范围内产生某一输出。例如，红灯 HL1 应在 5～15s 这段时间内亮；蓝灯 HL3 在 20～30s 和 40～50s 这两段时间亮；而接触器 KM 应在 5～40s 这段时间接通；电磁阀在 25～45s 这段时间接通。

（1）分配 PLC 的输入点和输出点（如表 5-4 所示），并画出 PLC 的接线图（如图 5-15 所示）。

表 5-4 输入点输出点分配表

输 入 信 号			输 出 信 号		
名　称	代　号	输入点编号	名　称	代　号	输出点编号
启动按钮	SB1	X000	红灯	HL1	Y001
			黄灯	HL2	Y002
			蓝灯	HL3	Y003
			接触器	KM	Y004
			电磁阀	YV	Y005

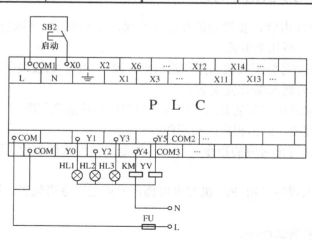

图 5-15 例 5-3 PLC 控制接线图

（2）根据控制顺序，画出状态流程图。

状态流程图如图 5-16 所示，PLC 开机后，系统自动进入初始状态，准备工作。

由表 5-3 可知，所有负载是以工作 5s 为一个时段，在不同的时段内有不同的输出，因此，设每一个时段为一个状态。每个状态中转移条件也就与时间有关，为保证每个状态工作时间为 5s，同时又为了避免每个状态使用一个定时器，使程序简洁，现在采用产生连续脉冲基本控制程序编程，并设定定时器时间常数为 K50，使每 5s 产生一个脉冲宽度为一个扫描周期的脉冲信号。产生连续脉冲基本控制程序的梯形图如图 5-17 所示。

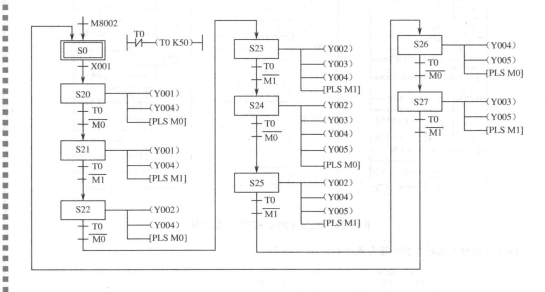

图 5-16 例 5-3 PLC 控制的状态流程图

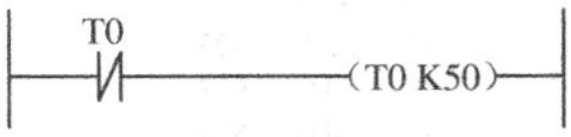

图 5-17 产生连续脉冲基本控制程序梯形图

定时器 T0 的常开触点每隔 5s 闭合一个扫描周期，将 T0 常开触点作为所有状态的转移条件，但又要保证状态正常转移，即每隔 5s 只有一个状态转移，这就必须采取对脉冲信号进行隔离的措施。由状态流程图可以看到，在每个状态中设置了一个辅助继电器，利用 PLS 指令，在状态接通瞬间，使辅助继电器得电一个扫描周期，辅助继电器常闭触点断开一个扫描周期，产生隔离作用，使该状态在刚接通时，不会又瞬间转移到下一个状态。例如，假设系统工作在状态 S20，因状态 S21 转移到 S22 的条件是 T0 常开触点接通和 M1 常闭触点保持接通，所以在状态 S20 转移到状态 S21 瞬间，步进接点 S21 闭合，"PLS M1" 指令使辅助继电器 M1 常闭触点断开一个扫描周期，虽然在这瞬间 T0 常开触点仍保持接通（一个扫描周期），但 M1 常闭触点没有接通，因此，状态 S21 不可能瞬间又转移到状态 S22。如果没有"PLS M1" 指令，则有可能发生这种情况，使系统不能正常按时间顺序进行控制。

只要相邻两个状态中用不同的辅助继电器产生隔离脉冲信号即可，因此整个系统只需两个辅助继电器就能满足要求。

（3）画出状态流程图所对应的梯形图。

梯形图如图 5-18 所示。当启动信号 X000 接通时，M10 线圈得电并自锁，M10 常开触点闭合，使产生连续脉冲信号的控制程序运行。当 T0 产生第一个移位脉冲，使状态 S20 转移到状态 S21 后，随着移位脉冲依次到来，系统的工作状态一步一步往下移。当状态 S27 转移到初始状态 S0 时，系统一个工作循环完毕，只有再次按下启动按钮 SB1，系统才能进入下一次工作循环。

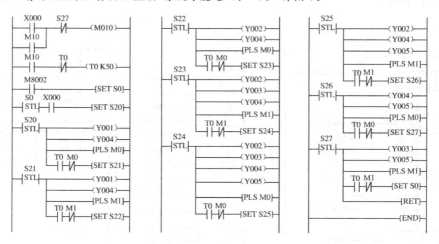

图 5-18　例 5-3 PLC 控制的梯形图

（4）写出梯形图对应指令语句表（如图 5-19 所示）。

0	LD	X000	31	STL	S22	61	OUT	Y005
1	OR	M10	32	OUT	Y002	62	PLS	M2
2	ANI	S27	33	OUT	Y004	63	LD	T0
3	OUT	M10	34	PLS	M0	64	ANI	M1
4	LD	M10	35	LD	T0	65	SET	S26
5	ANI	T0	36	ANI	M0	67	STL	S26
6	OUT	T0	37	SET	S23	68	OUT	Y004
		K50	39	STL	S23	69	OUT	Y005
8	LD	M8002	40	OUT	Y002	70	PLS	M0
9	SET	S0	41	OUT	Y003	71	LD	T0
11	STL	S0	42	OUT	Y004	72	ANI	M0
12	LD	X000	43	PLS	M1	73	SET	S27
13	SET	S20	44	LD	T0	75	STL	S27
15	STL	S20	45	ANI	M1	76	OUT	Y003
16	OUT	Y001	46	SET	S24	77	OUT	Y005
17	OUT	Y004	48	STL	S24	78	PLS	M1
18	PLS	M0	49	OUT	Y002	79	LD	T0
19	LD	T0	50	OUT	Y003	80	ANI	M1
20	ANI	M0	51	OUT	Y004	81	SET	S0
21	SET	S21	52	OUT	Y005	83	RET	
23	STL	S21	53	PLS	M0	84	END	
24	OUT	Y001	54	LD	T0			
25	OUT	Y004	55	ANI	M0			
26	PLS	M1	56	SET	S25			
27	LD	T0	58	STL	S25			
28	ANI	M1	59	OUT	Y002			
29	SET	S22	60	OUT	Y004			

图 5-19　例 5-3 PLC 控制的指令语句表

前面所介绍的状态流程图都是单流程顺序的顺序控制，如图 5-3、图 5-7 和图 5-11 所示。对于较复杂的多流程顺序控制，其状态流程图的特点及应用步进指令进行编程的方法将在下面进行介绍。

5.3.2　多流程顺序控制及编程方法

多流程顺序控制是指具有两个以上分支的顺序动作的控制过程，其状态流程图也具有两条以上的状态转移支路。常见的多流程顺序控制有选择性分支与汇合、并行性分支与汇合、跳步与循环等几种。下面分别介绍其特点和编程方法。

1．选择性分支与汇合

例 5-4　某流水线送料小车运行如图 5-20 所示。控制要求为：当按下 SB1 后，小车由 SQ1 处前进到 SQ2 处停 5s，再后退到 SQ1 处停下；当按下 SB2 后，小车由 SQ1 处前进到 SQ3 处停 5s，再后退到 SQ1 处停下。

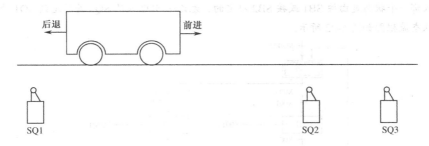

图 5-20　某流水线送料小车运行示意图

解：（1）分配输入点和输出点（如表 5-5 所示）。PLC 的接线图如图 5-21 所示。

表 5-5　例 5-4 输入点和输出点分配表

输入信号			输出信号		
名　称	代　号	输入点编号	名　称	代　号	输出点编号
启动按钮	SB1	X001	前进接触器	KM1	Y001
启动按钮	SB2	X002	后退接触器	KM2	Y002
行程开关	SQ1	X003			
行程开关	SQ2	X004			
行程开关	SQ3	X005			

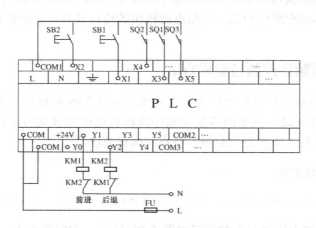

图 5-21　PLC 控制接线图

（2）画出状态流程图。

　　因小车由 SQ1 处前进到 SQ2 处和由 SQ1 处前进到 SQ3 处的路程不同，因此属于两个不同的状态，而进入哪一个状态是由按 SB1 或按 SB2 决定的。无论从 SQ2 或从 SQ3 处后退到 SQ1 处，其动作都一样，状态流程图如图 5-22 所示。

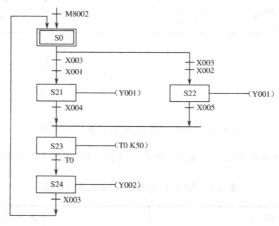

图 5-22　选择性分支状态流程图

　　图 5-22 所示的状态流程图是选择性分支状态流程图，从 S0 可以往 S21 分支流程转或往 S22 分支流程转移。从多个分支流程中选择其中一个分支流程的状态流程图称为选择性分支状态流程图。图 5-23 所示状态流程图也是一个选择性分支与汇合的多流程顺序控制。

　　在图 5-23 中，状态 S20 只能从三个分支中选择向一个分支流程转移，具体向哪一个分支转移，由转移条件决定。在三个转移条件 X001、X004 和 X010 中，任意时刻只能有一个转移条件接通，从三个状态 S21、S31 和 S41 中选择一个状态转移。当 X001 接通时，状态 S20 转向状态 S21；当 X004 接通时，状态 S20 转向状态 S31；当 X010 接接时，状态 S20 转向 S41。状态 S21、S31 或 S41 中任一个置位时，都将使状态 S20 自动复位。

　　选择性分支最终汇合到状态 S50。状态 S50 由状态 S22 与 X003 或由状态 S33 与 X007 或由状态 S41 与 X011 置位。

图 5-23 所示选择性分支与汇合的梯形图及指令语句表如图 5-24 和图 5-25 所示。

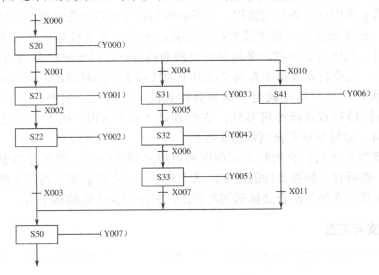

图 5-23　选择性分支与汇合多流程顺序控制流程图

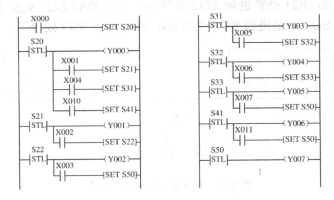

图 5-24　图 5-23 选择性分支与汇合的梯形图

0	LD	X000		25	OUT	Y003
1	SET	S20		26	LD	X005
3	STL	S20		27	SET	S32
4	OUT	Y000		29	STL	S32
5	LD	X001		30	OUT	Y004
6	SET	S21		31	LD	X006
8	LD	X004		32	SET	S33
9	SET	S31		34	STL	S33
11	LD	X010		35	OUT	Y005
12	SET	S41		36	LD	X007
14	STL	S21		37	SET	S50
15	OUT	Y002		39	STL	S41
16	LD	X002		40	OUT	Y006
17	SET	S22		41	LD	X011
19	STL	S22		42	SET	S50
20	OUT	Y002		44	STL	S50
21	LD	X003		45	OUT	Y007
22	SET	S50				
24	STL	S31				

图 5-25　图 5-23 选择性分支与汇合的指令语句表

选择性分支的支路数可以是两条或更多，没有数量限制。从图 5-24 所示的梯形图中可以看到：步进接点 S20 后面接有并联的三个转移置位指令，这是因为图 5-23 所示的选择性分支与汇合的状态图中有三条分支流程。并联的转移指令个数由选择性分支状态流程图中分支流程数决定。画梯形图时，根据流程按从左到右的次序逐个设置各个支路的转移置位指令。程序运行时，只能有其中的一条转移置位指令被执行，而此时状态 S20 将自动复位。如果程序运行时，几个转移条件中有两个或以上的转移条件同时满足，则满足转移条件的几个分支会同时执行，这种情况就是下面要介绍到的并行分支。另外，从步进接点 S22、S33、S41 后面的转移置位指令可看到，它们都是"SET S50"指令，这是因为无论状态 S22、S33 或 S41，最终都是汇合到状态 S50 的。

画具有选择性分支与汇合的状态流程图所对应的梯形图时，仍应遵循步进接点之后先进行驱动处理，然后设置转移条件的原则，从上到下、从左到右依次将每个状态对应的梯形图画出，只要注意分支处与汇合处梯形图的画法，就能得到正确的梯形图。

2. 并行分支与汇合

例 5-5 某流水线有两台小车送料（如图 5-26 所示）。控制要求为：当按下 SB1 后，小车 1 由 SQ1 处前进到 SQ2 处停 5s，再后退到 SQ1 处停下；按下 SB1 的同时，小车 2 由 SQ3 处前进到 SQ4 处停 5s，再后退到 SQ3 处停下。

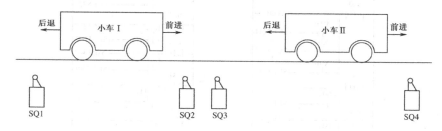

图 5-26　例 5-5 小车送料示意图

解：（1）分配输入点和输出点（如表 5-6 所示）。

表 5-6　输入点和输出点分配表

输 入 信 号			输 出 信 号		
名　称	代　号	输入点编号	名　称	代　号	输出点编号
启动按钮	SB1	X001	小车 1 前进接触器	KM1	Y000
停止按钮	SB2	X002	小车 1 后退接触器	KM2	Y001
行程开关	SQ1	X003	小车 2 前进接触器	KM3	Y002
行程开关	SQ2	X004	小车 2 后退接触器	KM4	Y003
行程开关	SQ3	X005			
行程开关	SQ4	X006			

画出 PLC 接线示意图（如图 5-27 所示）。

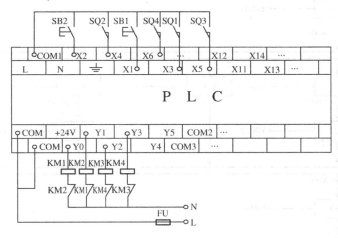

图 5-27　例 5-5 PLC 控制接线图

（2）画出状态流程图。

按下 SB1 后，小车 1 和小车 2 分别完成前进、停 5s、后退步进流程，当小车 1 和小车 2 分别停在 SQ1 和 SQ3 处时，状态转移到 S0 状态。状态流程图如图 5-28 所示。

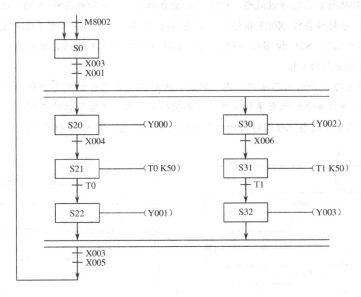

图 5-28　PLC 控制的状态流程图

从图 5-28 所示的状态流程图中可知，当按下 SB1 后，状态 S0 同时转移到状态 S20 和 S30，两个单独分支流程各自执行自己的步进流程，最后再转移到状态 S0。这种类型的状态流程图是并行分支的状态流程图。并行分支的状态流程图是指多个流程同时转移执行，且状态能够同时转移的状态流程图。

图 5-29 所示状态流程图是并行分支与汇合的多流程顺序控制。

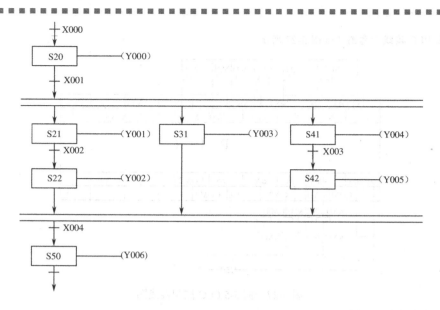

图 5-29　并行分支与汇合流程图

　　如图 5-29 所示的状态流程图中，当转移条件 X001 接通时，状态 S21、S31 和 S41 同时置位，这三个单独分支各自执行自己的步进流程，S20 这时会自动复位。当转移条件 X002 接通时，状态 S21 转移到状态 S22；当转移条件 X003 接通时，状态 S41 转移到 S42。在所有单独分支流程都动作到最后一个状态时，即 S22、S31 和 S42 都置位时，如转移条件 X004 接通，则状态转移到 S50，状态 S22、S31 和 S42 都会自动复位。

　　与选择性分支与汇合的状态流程图不同的是：并行分支与汇合的状态流程图中允许同时执行多条单独分支流程，并且要等到所有单独分支流程都执行完毕后，才能同时转移到下一个状态。

　　并行分支与汇合的状态流程图对应的梯形图和指令语句表如图 5-30 和图 5-31 所示。

图 5-30　图 5-29 并行分支与汇合的状态流程图对应的梯形图

0　LD　　X000	14 LD　　X002	26 STL　S42
1　SET　S20	15 SET　S22	27 OUT　Y005
3　STL　S20	17 STL　S22	28 STL　S22
4　OUT　Y000	18 OUT　Y002	29 STL　S31
5　LD　　X001	19 STL　S31	30 STL　S42
6　SET　S21	20 OUT　Y003	31 LD　　X004
8　SET　S31	21 STL　S41	32 SET　S50
10 SET　S41	22 OUT　Y004	34 STL　S50
12 STL　S21	23 LD　　X003	35 OUT　Y006
13 OUT　Y001	24 SET　S42	:

图 5-31　图 5-29 并行分支与汇合的梯形图对应的指令语句表

在梯形图中，步进接点之后的转移条件 X001 接有三条并联 SET 指令，说明 X001 接通时，"SET　S21" 指令、"SET S31" 指令和 "SET S41" 指令同时执行，状态 S21、S31 和 S41 同时被置位。并行的单独分支流程数，与并联的 SET 指令数是一致的，但规定并行的单独分支流程不得超过 8 条。梯形图中步进接点 S22、S31 和 S42 后面都没有设置转移条件，这是因为在状态 S22、S31 和 S42 都已动作，且转移条件 X004 也接通时，状态才可以转移到 S50。为实现这一汇合作用，梯形图中将三个步进接点 S22、S31 和 S42 串联起来，在指令语句表中则连续使用 STL 指令。因并行的单独分支流程数不能超过 8 个，则梯形图中串联接点数和指令语句表中连续使用 STL 指令数也不能超过 8 个。

从上面的讨论可以知道：状态继电器作为控制元件，提供的步进接点不止一个，而且不同控制元件的步进接点可以串联使用，这时仍用 STL 指令，指令功能不变。

3．跳步与循环

图 5-32 所示状态流程图为跳步与循环的多流程顺序控制。

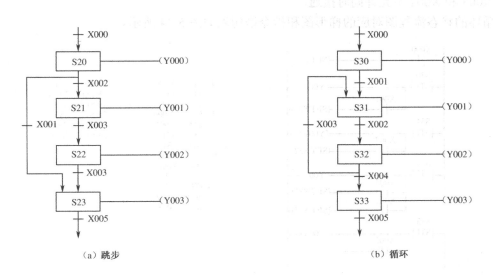

图 5-32　跳步与循环的状态流程图

跳步与循环是在步进指令的控制下利用不同的转移条件和转移目标来实现的。在图 5-32（a）所示跳步状态流程图中，状态 S20 置位后，如果转移条件 X001 接通，则状态 S20 直接转移到状态 S23，跳过状态 S21 和状态 S22，实现了跳步功能；如果 X002 接通，状态 S20 转移到状态 S21，执行的是正常的顺序控制。但应注意转移条件 X001 和 X002 不能同时接通，这一点与选择性分支状态流程图的情况完全一致。跳步的状态流程图对应的梯形图和指令语句表如图 5-33 所示。

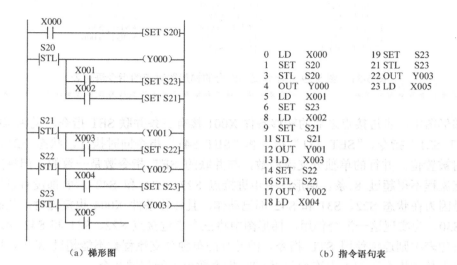

（a）梯形图　　　　　　　　　　　（b）指令语句表

图 5-33　跳步流程图对应的梯形图和指令语句表

在图 5-32（b）所示循环状态流程图中，状态 S32 置位后，如果转移条件 X003 接通，则由状态 S32 转移到状态 S31，重新依次执行 S31 和 S32 两个状态的动作，实现循环控制；如果转移条件 X004 接通，则状态 S32 转移到状态 S33，实现正常的顺序控制。同样，转移条件 X003 和 X004 不允许同时接通。

循环的状态流程图对应的梯形图和指令语句表如图 5-34 所示。

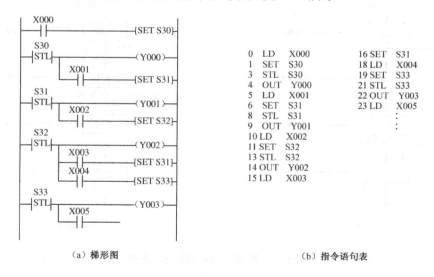

（a）梯形图　　　　　　　　　　　（b）指令语句表

图 5-34　循环状态流程图对应的梯形图和指令语句表

例 5-6　画出图 5-35 所示状态流程图的梯形图，并写出对应指令语句表。

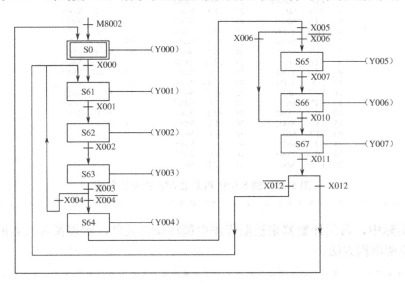

图 5-35　例 5-6 的 PLC 控制流程图

解： 在图 5-35 所示状态流程图中，具有跳步和循环的功能。在画梯形图前，先将状态流程图的结构阅读清楚。

在状态 S63 被置位后，如果转移条件 X003 和 X004 都接通，则状态 S63 返回到状态 S61 执行循环动作；否则，当转移条件 X003 接通，X004 不通时，状态 S63 按顺序转移到状态 S64。同样，状态 S67 可以循环转移到状态 S0 或循环转移到状态 S61。

在状态 S64 被置位后，转移条件 X005 和 X006 是串联的"与"的逻辑关系，即当 X005 和 X006 都接通时，状态 S64 跳转到状态 S67；否则，当转移条件 X005 接通，X006 断开时，状态 S64 按顺序转移到状态 S65。

画跳转与循环的状态流程图对应的梯形图时，处理方法与画选择性分支状态流程图的梯形图相同，即并联转移置位指令。图 5-35 所示状态流程图对应的梯形图和指令语句表如图 5-36 和图 5-37 所示。

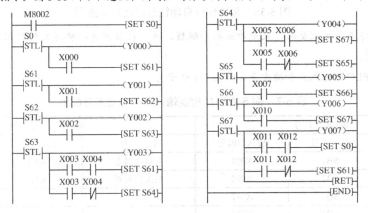

图 5-36　例 5-6 的 PLC 控制梯形图

0	LD	M8002	21	AND	X004	43	STL	S66
1	SET	S0	22	SET	S61	44	OUT	Y006
3	STL	S0	24	LD	X003	45	LD	X010
4	OUT	Y000	25	ANI	X004	46	SET	S67
5	LD	X000	26	SET	S64	48	STL	S67
6	SET	S61	28	STL	S64	49	OUT	Y007
8	STL	S61	29	OUT	Y004	50	LD	X010
9	OUT	Y001	30	LD	X005	51	AND	X012
10	LD	X001	31	AND	X006	52	SET	S0
11	SET	S62	32	SET	S67	54	LD	X011
13	STL	S62	34	LD	X005	55	ANI	X012
14	OUT	Y002	35	ANI	X006	56	SET	S61
15	LD	X002	36	SET	S65	58	RET	
16	SET	S63	38	STL	S65	59	END	
18	STL	S63	39	OUT	Y005			
19	OUT	Y003	40	LD	X007			
20	LD	X003	41	SET	S66			

图 5-37 例 5-6 的 PLC 控制的指令语句表

在生产实际中，常用计数器来控制程序中循环操作元件，实现循环次数的控制。下面通过例题来说明编程方法。

例 5-7 某工作台自动往返运行，要求实现 8 次循环后工作台停在原位。试画出状态流程图和对应的梯形图，并写出指令语句表。

解： 工作台自动往返的运行示意图如图 5-38 所示。

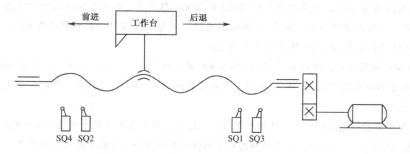

图 5-38 某工作台自动往返的运行示意图

根据动作特点及控制要求，采用步进指令编程，并用计数器进行循环次数控制，可使程序层次清晰、简洁易懂。

（1）分配 PLC 的输入点和输出点（如表 5-7 所示）。

表 5-7 例 5-7 PLC 控制输入点和输出点分配表

输入信号			输出信号		
名　称	代　号	输入点编号	名　称	代　号	输出点编号
停止按钮	SB1	X001	前进接触器	KM1	Y001
前进启动按钮	SB2	X002	后退接触器	KM2	Y002
行程开关	SQ1	X011			
行程开关	SQ2	X012			
行程开关	SQ3	X013			
行程开关	SQ4	X014			

PLC 的接线图如图 5-39 所示。

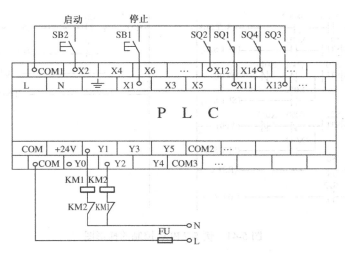

图 5-39　例 5-7 PLC 接线示意图

SB1 为停止按钮，SB2 为前进启动按钮。行程开关 SQ1 和 SQ2 实现自动选择控制，SQ3 和 SQ4 实现前进限位保护和后退限位保护。接触器 KM1、KM2 分别控制电动机正转和反转，通过丝杠带动工作台前进和后退。

（2）分析工作台自动往返的工作过程，画出状态流程图（如图 5-40 所示）。

工作台启动之前一定停在原位，使行程开关 SQ1 压合，所以进入初始状态的转移条件为 M8002 和 X011 的"与"的逻辑关系。

按下启动按钮 SB2 后，X002 接通，由初始状态转移到状态 S20，该状态为工作台的前进；当工作台撞块压合行程开关 SQ2 时，X012 接通，状态 S20 转移到状态 S21，该状态为工作台的后退；当工作台撞块压合行程开关 SQ1 时，X011 接通，状态 S21 转移到 S22，该状态的功能为依据累计的循环次数，判断是否继续循环，使工作台自动往返工作。

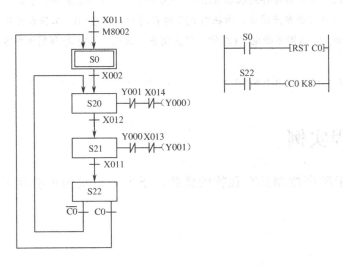

图 5-40　例 5-7 PLC 控制的状态流程图

（3）根据状态流程图画出梯形图，并写出指令语句表（如图5-41和图5-42所示）。

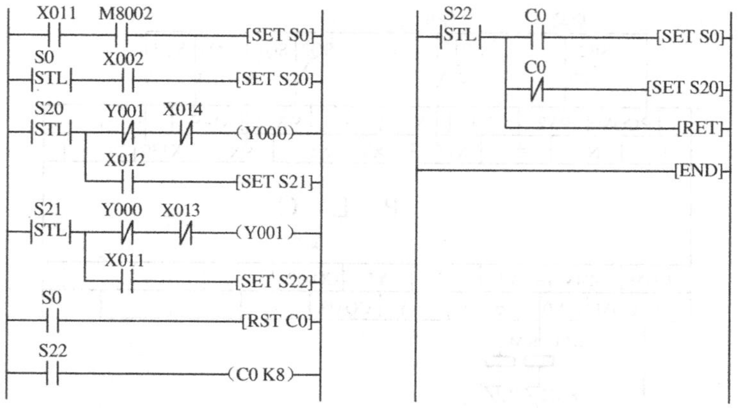

图 5-41　例 5-7 PLC 控制的梯形图

```
0   LD    X011        12  LD    X012        25  LD    S22
1   AND   M8002       13  SET   S21         26  OUT   C0   K8
2   SET   S0          15  STL   S21         29  STL   C0
4   STL   S0          16  LDI   Y000        30  LD    C0
5   LD    X002        17  ANI   X013        31  SET   S0
6   SET   S20         18  OUT   Y001        33  LDI   C0
8   STL   S20         19  LD    X011        34  SET   S20
9   LDI   Y001        20  SET   S22         35  RET
10  ANI   X014        22  LD    S0          36  END
11  OUT   Y000        23  RST   C0
```

图 5-42　例 5-7 PLC 控制的指令语句表

图5-41所示梯形图中，有两点要注意。

① 初始状态S0中无输出信号，所以步进接点直接与转移条件串联控制转移方向。

② 当工作台停在原位时，计数器 C0 就被复位，为累计工作台循环次数做准备。计数器的计数脉冲信号取之于 S22。每次当转移到状态 S22 时，C0 即累计一个计数脉冲，当第 8 次转移到状态 S22 时，C0 线圈得电，C0 常开触点闭合，由状态 S22 转移到初始状态 S0，工作台停在原位。如果计数器的累计值小于 8，则 C0 线圈不带电，C0 常闭触点闭合，由状态 S22 转移到状态 S20，工作台继续循环运行。

5.4　编程实例

步进指令用于顺序控制具有独特的优势，下面通过实例说明顺序控制的程序设计方法。

例 5-8　利用步进指令设计一个由 PLC 控制的喷水装置，需达到以下控制要求：喷水装置由选择开关 SA1 可控制其单周运行或连续运行——当选择单周运行时，按下启动按钮 SB1，中央指示灯亮，2s 后中央喷水嘴喷水，2s 后环状线指示灯亮，2s 后环状喷水嘴喷水，它喷水 2s 后停止；当选择连续运行时，按下启动按钮 SB1 后，按照单周运行的要求连续运行。

解：（1）分配 PLC 的输入点和输出点（如表 5-8 所示）。

表 5-8　例 5-8 PLC 控制的输入/输出定义表

输入信号			输出信号		
名　称	代　号	输入点编号	名　称	代　号	输出点编号
启动按钮	SB1	X000	中央指示灯	HL1	Y001
运行方式开关	SA1	X001	中央喷水电磁阀	YV1	Y002
			环线指示灯	HL2	Y003
			环状喷水电磁阀	YV2	Y004

（2）按要求画出 PLC 控制接线示意图，如图 5-43 所示（注：图中规定 SA 接通为连续控制，断开为单周控制）。

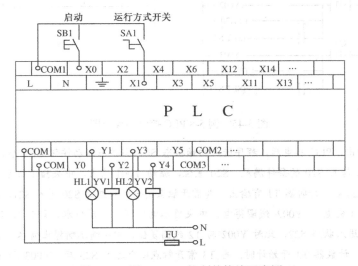

图 5-43　例 5-8 PLC 控制的接线示意图

（3）按设计要求画出 PLC 控制流程图（如图 5-44 所示）。

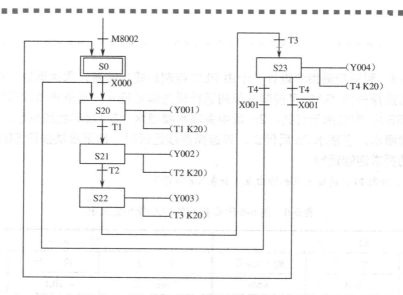

图 5-44　例 5-8 PLC 控制的状态流程图

其梯形图如图 5-45 所示。

图 5-45　例 5-8 PLC 控制的梯形图

从图中可看出，PLC 接电后，程序进入初始状态 S0，当按下启动按钮 SB1 后，X000 常开触点闭合，由状态 S0 转入 S20 的条件满足，S20 置位，驱动 Y001 输出，中央指示灯亮，同时计时器 T1 开始计时；计时 2s 后，计时器 T1 有输出，其常开触点闭合，状态由 S20 进入 S21，此时 Y001 和 T1 的线圈自动复位（失电），Y002 线圈得电，中央喷水电磁阀被驱动喷水，计时器 T2 开始计时；2s 后，状态由 S21 进入状态 S22，此时 Y002 与 T2 线圈复位，中央喷水嘴停止喷水，Y003 线圈被驱动使环线指示灯亮，计数器 T3 开始计时；当 T3 常开触点闭合进入 S23 后，Y003 和 T3 复位，环线指示灯灭，Y004 被驱动，环状喷水电磁阀得电而喷水；当计时器 T4 的计时时间到后，其常开触点闭合。如果在此之前选择开单周运行方式（即 X001 常闭触点接通，常开触点断开），状态 S23 直接转移到初始状态 S0，为下一次启动做好准备，同时 Y004 和 T4 自动复位；如果在此之前选择开连续运行方式（即 X001 常闭点断开，常开触点接通），状态 S23 转移到状态 S20，驱动 Y001 和 T1，进行循环控制。

其指令语句表如图 5-46 所示。

1	LD	M8002	19	OUT	T2	K20	39	AND	X001
2	SET	S0	22	LD	T2		40	SET	S20
4	STL	S0	23	SET	S22		42	LD	T4
5	LD	X000	25	STL	S22		43	ANI	X001
6	SET	S20	26	OUT	Y003		44	SET	S0
8	STL	S20	27	OUT	T3	K20	46	RET	
9	OUT	Y001	30	LD	T3		47	END	
10	OUT	T1	K20	31	SET	S23			
13	LD	T1	33	STL	S23				
14	SET	S21	34	OUT	Y004				
16	STL	S21	35	OUT	T4	K20			
17	OUT	Y002	38	LD	T4				

图 5-46　例 5-8 PLC 控制的指令语句表

　例 5-9　设计图 5-47 所示电镀生产线的 PLC 控制系统。

电镀生产线采用专用行车，行车架上装有可升降的吊钩，行车和吊钩各由一台电动机拖动。行车的前进、后退和吊钩的上升、下降均由相应的行程开关发出信号。

为了简便起见，假设该电镀生产线只有三个基本的槽位，分别是：清水槽、回收槽和电镀槽。编程时，只考虑半自动控制。

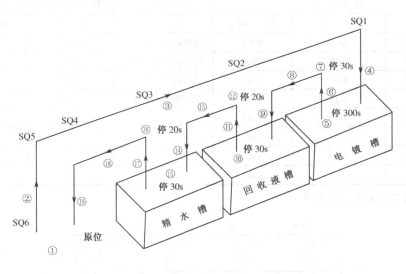

图 5-47　某电镀生产线示意图

解：（1）分析电镀生产线的工艺流程。

工艺流程如图 5-47 所示：工件放入电镀槽中，电镀 5min 后提起，停 30s，再放入回收液槽中停放 30s，提起后停 20s，再放入清水槽中，清洗 20s，行车返回到原位，镀件的加工过程全部结束。这个过程可以分解下面几步。

① 原位，行车停在 SQ4 位置，吊钩停在 SQ6 位置，操作人员将工件挂到吊钩上。

② 吊钩上升，提起镀件，压合行程开关 SQ5 时，停止上升，转到下一步。

③ 行车前进，直到压合行程开关 SQ1 时停止，吊钩停在电镀槽上方。

④ 吊钩下降，压合行程开关 SQ6 时停止，吊钩停在电镀槽上方。

⑤ 电镀时间为 5min，定时时间一到，电镀结束，转入下一步。

⑥ 吊钩上升，提起镀件，压合行程开关 SQ5 时停止上升。

⑦ 吊钩在电镀槽上方停 30s，让镀件表面镀液流回到电镀槽中，定时时间一到，转入下一步。

⑧ 行车后退，压合行程开关 SQ2 后，吊钩停在回收液槽上方。

⑨ 吊钩下降，压合行程开关 SQ6 后停止，镀件放入回收液槽中。

⑩ 镀件在回收槽中停留 30s，定时时间一到，转入下一步。

⑪ 吊钩上升，提起镀件，压合行程开关 SQ5。

⑫ 吊钩在回收液槽上方停 20s，让镀件表面的回收液流回槽中，定时时间一到，转入下一步。

⑬ 行车后退，压合行程开关 SQ3 后吊钩停在清水槽上方。

⑭ 吊钩下降，压合行程开关 SQ6 后停止，将镀件放入清水槽中，进行清洗。

⑮ 清洗镀件的时间为 30s，定时时间一到，转入下一步。

⑯ 吊钩上升，将镀件提起，直到压合行程开关 SQ5，吊钩停在清水槽上方。

⑰ 镀件表面的清水流回到清水槽的定时时间为 20s，时间一到，转入下一步。

⑱ 行车后退，压合行程开关 SQ4 后吊钩停在原位上方。

⑲ 吊钩下降，回到原位，碰到行程开关 SQ6 后停止，操作人员将镀件取下，一个工作循环结束。

（2）分配 PLC 的输入点和输出点，如表 5-9 所示。

表 5-9　例 5-9 PLC 控制的输入和输出点分配表

输 入 信 号			输 出 信 号		
名　　称	代　　号	输入点编号	名　　称	代　　号	输出点编号
启动按钮	SB1	X001	接触器（吊钩升）	KM1	Y001
停止按钮	SB2	X002	接触器（吊钩降）	KM2	Y002
行程开关	SQ1	X011	接触器（行车进）	KM3	Y003
行程开关	SQ2	X012	接触器（行车退）	KM4	Y004
行程开关	SQ3	X013			
行程开关	SQ4	X014			
行程开关	SQ5	X015			
行程开关	SQ6	X016			

PLC 接线图如图 5-48 所示。

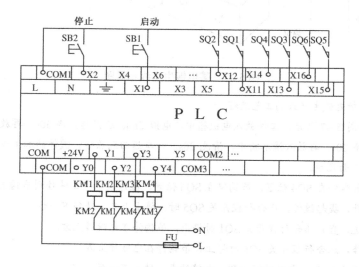

图 5-48　例 5-9 PLC 控制的接线示意图

（3）电镀生产线实现半自动控制的状态流程图如图 5-49 所示，对应的梯形图如图 5-50 所示。

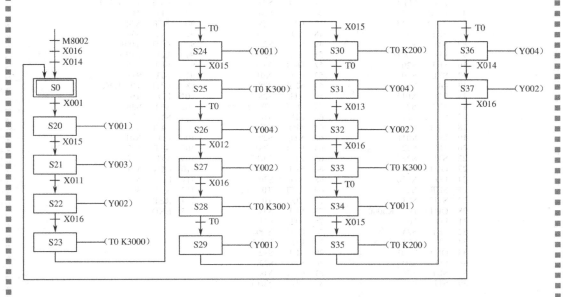

图 5-49　例 5-9 PLC 控制的状态流程图

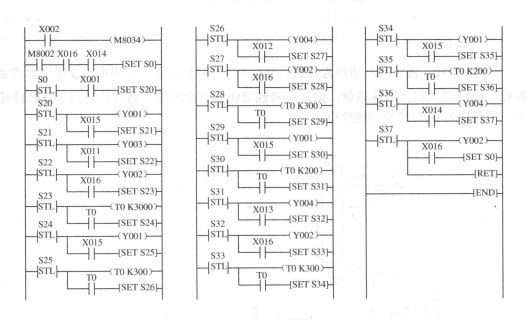

图 5-50　例 5-9 PLC 控制的梯形图

（注：程序中的 M8034 为禁止全部输出）

图5-51为梯形图对应的指令语句表。

0	LD	X002	40	OUT	T0	K300	83	SET	S33	
1	OUT	M8034	43	LD	T0		85	STL	S33	
3	LD	M8002	44	SET	S26		86	OUT	T0	K300
4	AND	X016	46	STL	S26		89	LD	T0	
5	AND	X014	47	OUT	Y004		90	SET	S34	
6	SET	S0	48	LD	X012		92	STL	S34	
8	STL	S0	49	SET	S27		93	OUT	Y001	
9	LD	X001	51	STL	S27		94	LD	X015	
10	SET	S20	52	OUT	Y002		95	SET	S35	
12	STL	S20	53	LD	X016		97	STL	S35	
13	OUT	Y001	54	SET	S28		98	OUT	T0	K200
14	LD	X015	56	STL	S28		101	LD	T0	
15	SET	S21	57	OUT	T0	K300	102	SET	S36	
17	STL	S21	60	LD	T0		104	STL	S36	
18	OUT	Y003	61	SET	S29		105	OUT	Y004	
19	LD	X011	63	STL	S29		106	LD	X014	
20	SET	S22	64	OUT	Y001		107	SET	S37	
22	STL	S22	65	LD	X015		109	STL	S37	
23	OUT	Y002	66	SET	S30		110	OUT	Y002	
24	LD	X016	68	STL	S30		111	LD	X016	
25	SET	S23	69	OUT	T0	K200	112	SET	S0	
27	STL	S23	72	LD	T0		114	RET		
28	OUT	T0	K3000	73	SET	S31	115	END		
31	LD	T0	75	STL	S31					
32	SET	S24	76	OUT	Y004					
34	STL	S24	77	LD	X013					
35	OUT	Y001	78	SET	S32					
36	LD	X015	80	STL	S32					
37	SET	S25	81	OUT	Y002					
39	STL	S25	82	LD	X016					

图5-51　例5-9 PLC控制的指令语句表

例 5-10　图 5-52 所示为传送机分检大、小球的装置。如果电磁铁吸住大的金属球，则将其送到大的球箱里；如果电磁铁吸住小的金属球，则将其送到小球的球箱里。试完成用 PLC 控制的程序设计。

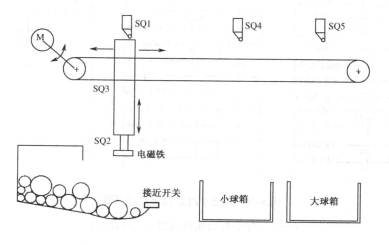

图5-52　某传送机的工作示意图

解：（1）工作过程的分析。

传送机的机械臂上升、下降运行由一台电动机驱动，机械手臂的左行、右行运行由另一台电动机驱动。

机械手臂在原位时，按下启动按钮，手臂下降到球箱中，如果压合下限行程开关 SQ2，电磁铁线圈通电后，将吸住小球，然后手臂上升，右行到行程开关 SQ4 位置，手臂下降，将小球放进小球箱中，最后，手臂回到原位。

如果手臂由原位下降后未碰到下限行程开关 SQ2，则电磁铁吸住的是大球，像运送小球那样，将大球放到大球箱中。

（2）分配 PLC 的输入点和输出点（如表 5-10 所示）。

表 5-10　例 5-10 PLC 控制的输入和输出点分配表

输入信号			输出信号		
名　称	代　号	输入点编号	名　称	代　号	输出点编号
启动按钮	SB1	X000	指示灯	HL	Y000
停止按钮	SB2	X010	接触器（上升）	KM1	Y001
球箱定位行程开关	SQ1	X001	接触器（下降）	KM2	Y002
下限行程开关	SQ2	X002	接触器（左移）	KM3	Y003
上限行程开关	SQ3	X003	接触器（右移）	KM4	Y004
小球箱定位开关	SQ4	X004	电磁阀	YV	Y005
大球箱定位开关	SQ5	X005			
接近开关	SQ6	X006			

PLC 的接线示意图如图 5-53 所示。

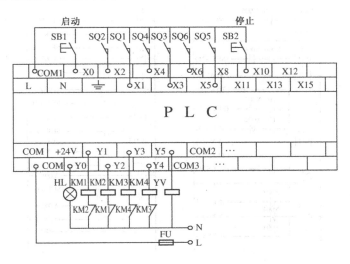

图 5-53　例 5-10 PLC 控制接线示意图

（3）实现半自动控制的程序。

① 状态流程图如图 5-54 所示。

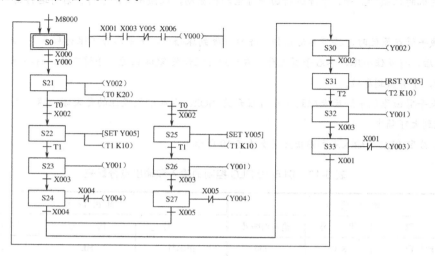

图 5-54　例 5-10 PLC 控制状态流程图

当行程开关 SQ1 和 SQ3 被压合，机械手臂电磁吸盘线圈未通电（Y005 常闭触点保持闭合状态）且球箱中无铁球（接近开关 X006 常开闭合时，指示灯 HL 亮），这时，按下启动按钮，机械手臂开始下降，由定时器 T0 控制下降时间，完成动作转换。

为保证机械手臂抓住和松开铁球，采用定时器 T1 控制抓球时间，采用定时器 T2 控制放球时间。机械手臂抓球动作的实现是由于电磁吸盘线圈通电后产生的电磁吸力将铁球吸住，线圈失电后，电磁吸力消失，铁球在重力作用下而下落。为保证电磁吸盘在机械手运行中始终通电，采用 SET 指令控制电磁吸盘线圈得电，RST 指令使电磁吸盘线圈失电。

② 其按流程图编写的梯形图如图 5-55 所示。

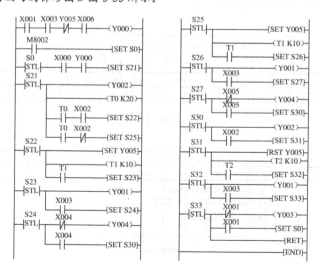

图 5-55　例 5-10 PLC 控制梯形图

③ 其指令语句表如图 5-56 所示。

```
0   LD    X001        33  SET   S23         66  STL   S30
1   AND   X003        35  STL   S23         67  OUT   Y002
2   ANI   X005        36  OUT   Y001        68  LD    X002
3   AND   X006        37  LD    X003        69  SET   S31
4   OUT   Y000        38  SET   S24         71  STL   S31
5   LD    M8002       40  STL   S24         72  RST   Y005
6   SET   S0          41  LDI   X004        73  OUT   T2    K10
8   STL   S0          42  OUT   Y004        76  LD    T2
9   LD    X000        43  LD    X004        77  SET   S32
10  AND   Y000        44  SET   S30         79  STL   S32
11  SET   S21         46  STL   S25         80  OUT   Y001
13  STL   S21         47  SET   Y005        81  LD    X003
14  OUT   Y002        49  OUT   T1    K10   82  SET   S33
15  OUT   T0    K20   52  LD    T1          84  STL   S33
18  LD    T0          53  SET   S26         85  LDI   X001
19  AND   X002        55  STL   S26         86  OUT   Y003
20  SET   S22         56  OUT   Y001        87  LD    X001
22  LD    T0          57  LD    X003        88  SET   S0
23  ANI   X002        58  SET   S27         90  RET
24  SET   S25         60  STL   S27         91  END
26  STL   S22         61  LDI   X005
27  SET   Y005        62  OUT   Y004
29  OUT   T1    K10   63  LD    X005
32  LD    T1          64  SET   S30
```

图 5-56   例 5-10 PLC 控制指令语句表

5.5 步进指令实验

5.5.1 实验目的

（1）熟悉和掌握步进顺控指令 STL 的使用方法。

（2）理解和掌握状态元件 S 在步进顺控程序中的应用。

（3）进一步熟悉各个指令的编程使用方法。

5.5.2 实验器材

实验器材如表 5-11 所示。

表 5-11   数据控制功能指令实验器材一览表

序　号	名　　称	型　号	数　量	备　注
1	可编程控制器	FX$_{2N}$-40MR	1 台	
2	个人计算机		1 台	
3	手持编程器	FX-20P-E	1 台	
4	编程电缆		1 根	与 PLC 相配合
5	实验导线	1mm^2	若干	

序　号	名　　称	型　号	数　量	备　注
6	按钮开关		5个	
7	信号灯		5个	AC 220V

5.5.3 实验步骤

（1）按图 5-57 完成 PLC 输入、输出回路的实验接线。

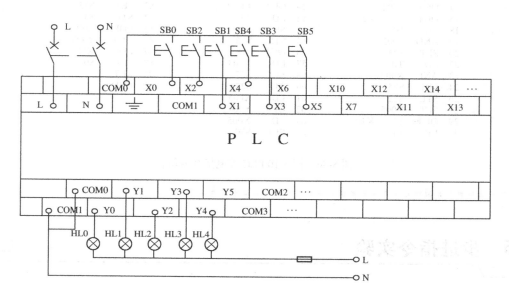

图 5-57　PLC 步进指令实验接线图

实验一：用 PC 机或编程器给 PLC 输入如图 5-58 所示梯形图，按以下步骤进行实验，并把每步观察到的实验结果记录在表 5-12 中。

① 运行 PLC；

② 按下 SB0 按钮，观察 PLC 的输出状态；

③ 按下 SB1 按钮，观察 PLC 的输出状态；

④ 按下 SB2 按钮，观察 PLC 的输出状态；

⑤ 按下 SB3 按钮，观察 PLC 的输出状态；

⑥ 按下 SB4 按钮，观察 PLC 的输出状态；

⑦ 按下 SB5 按钮，观察 PLC 的输出状态；

⑧ 按下 SB1 按钮，观察 PLC 的输出状态。

通过实验理解 PLC 步进指令的作用及用法。

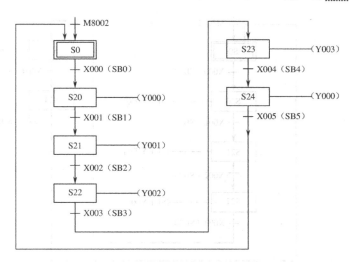

（a）流程图

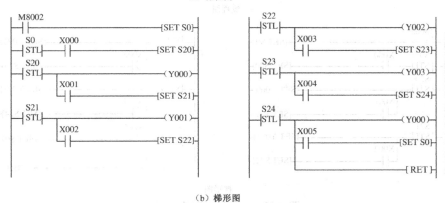

（b）梯形图

图 5-58　步进指令实验程序一

表 5-12　步进指令实验一实验结果

输入继电器状态 ＼ 输出继电器状态	Y000	Y001	Y002	Y003	Y000
SB0 接通（X000 为"1"）					
SB1 接通（X001 为"1"）					
SB2 接通（X002 为"1"）					
SB3 接通（X003 为"1"）					
SB4 接通（X004 为"1"）					
SB5 接通（X005 为"1"）					
SB1 接通（X001 为"1"）					

　　实验二： 在完成上述实验后，在 PLC 的输入输出接线不变的情况下，给 PLC 重新输入如图 5-59 所示的程序，并按下面的步骤进行实验。

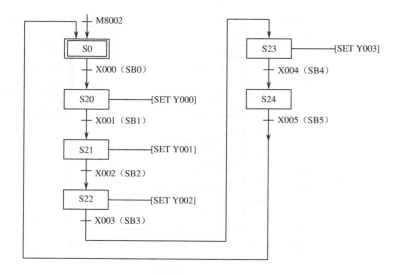

（a）流程图

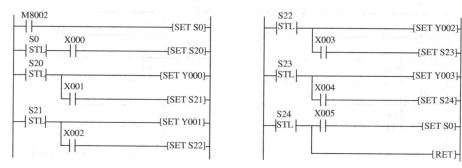

（b）梯形图

图 5-59　步进指令实验程序二

① 运行 PLC；

② 按下 SB0 按钮，观察 PLC 的输出状态；

③ 按下 SB1 按钮，观察 PLC 的输出状态；

④ 按下 SB2 按钮，观察 PLC 的输出状态；

⑤ 按下 SB3 按钮，观察 PLC 的输出状态；

⑥ 按下 SB4 按钮，观察 PLC 的输出状态；

⑦ 按下 SB5 按钮，观察 PLC 的输出状态；

⑧ 按下 SB1 按钮，观察 PLC 的输出状态。

将以上实验结果填入表 5-13 中。

表 5-13　步进指令实验二实验结果

输出继电器状态 输入继电器状态	Y000	Y001	Y002	Y003	Y000
SB0 接通（X000 为"1"）					
SB1 接通（X001 为"1"）					
SB3 接通（X003 为"1"）					
SB2 接通（X002 为"1"）					

续表

输出继电器状态 输入继电器状态	Y000	Y001	Y002	Y003	Y000
SB4 接通（X004 为"1"）					
SB5 接通（X005 为"1"）					
SB1 接通（X001 为"1"）					

通过比较两个实验，观察 PLC 输出结果有何不同。在实验二中，如果当按下 SB5 后要像实验一那样使所有 PLC 的输出继电器失电（无输出），应该如何对实验二的程序进行修改？试修改并重新传入程序，按上述步骤实验，以证实修改的程序是否达到控制要求。

 复习与思考题

1．什么叫状态流程图？它如何描述顺序控制的工艺流程？

2．状态流程图中，每个状态包含几个方面？有哪几个方面是必须具备的？

3．FX 系统 PLC 中步进指令有几条？说明其功能。

4．使用步进指令应注意哪些问题？

5．什么叫选择性分支的状态流程图？该流程图有什么特点？

6．什么叫并行分支的状态流程图？该流程图有什么特点？

7．绘出题图 5-1 所示状态流程图对应的梯形图，并写出指令语句表。

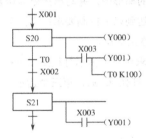

题图 5-1　题 7 状态流程图

8．绘出题图 5-2 所示状态流程图对应的梯形图，并写出指令语句表。

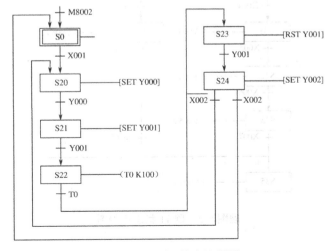

题图 5-2　题 8 状态流程图

9．绘出题图 5-3 所示指令语句表对应的梯形图，并判断该程序包括了哪几类型的分支流程。

10．绘出题图 5-4 所示指令语句表对应的梯形图，并判断该程序属于哪一类型的分支流程。

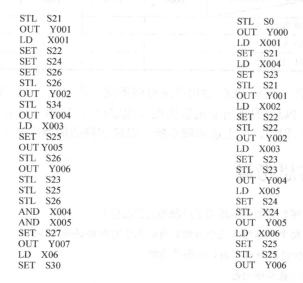

STL S21	STL S0
OUT Y001	OUT Y000
LD X001	LD X001
SET S22	SET S21
SET S24	LD X004
SET S26	SET S23
STL S26	STL S21
OUT Y002	OUT Y001
STL S34	LD X002
OUT Y004	SET S22
LD X003	STL S22
SET S25	OUT Y002
OUT Y005	LD X003
STL S26	SET S23
OUT Y006	STL S23
STL S23	OUT Y004
STL S25	LD X005
STL S26	SET S24
AND X004	STL X24
AND X005	OUT Y005
SET S27	LD X006
OUT Y007	SET S25
LD X06	STL S25
SET S30	OUT Y006

题图 5-3　题 9 指令语句表　　　　题图 5-4　题 10 指令语句表

11．绘出题图 5-5 所示状态流程图的梯形图，并写出指令语句表。

12．绘出题图 5-6 所示状态流程图的梯形图，并写出指令语句表。

13．设计一个 PLC 的程序，要求达到以下控制要求：当按下启动按钮后，三个指示灯依次亮 2s，并不断循环；当按下停止按钮后，指示灯停止工作。

14．编写一个 PLC 控制程序，要求对三个指示灯达到以下控制要求：按启动按钮后，第一个指示灯亮 8s 后，第二个指示灯亮；第二个指示灯亮 8s 后，第三个指示灯亮；三个指示灯全部亮 16s 后，全部熄灭；而全部熄灭 10s 后，开始循环工作。

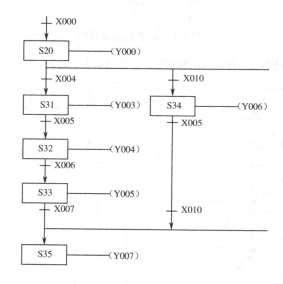

题图 5-5　题 11 状态流程图

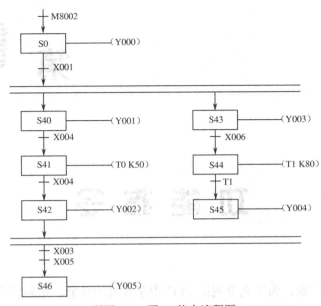

题图 5-6　题 12 状态流程图

15. 编写一个 PLC 控制程序，要求对三台电机达到以下控制要求：当按下启动按钮后，M1 启动并运行；5min 后，M2 自行启动并运行，5min 后 M3 自动启动并运行；当按下停止按钮时，M3 先停止运转，3min 后 M2 自行停止运转，再过 3min 后 M1 停止运转。

16. 题图 5-7 所示某小车动作要求如下：小车在 SQ1 处按启动按钮后，前进至 SQ2 处停止 5min 后，再前进到 SQ3 处停 5min，然后后退至 SQ2 处，停 2min 再后退至 SQ1 处，完成一个工作循环。试设计 PLC 控制程序。

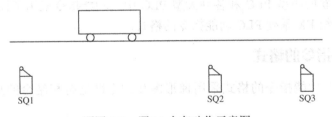

题图 5-7　题 16 小车动作示意图

17. 题图 5-8 所示由电动机控制的动力头滑台控制要求如下：当按下启动按钮后，动力头 1 从 SQ1 前进至 SQ2 处停下；动力头 1 停在 SQ2 处后，动力头 2 从 SQ3 处前进到 SQ4 处；动力头 2 停在 SQ4 处后，动力头 1 后退至 SQ1 处停；当动力头 1 停下后，动力头 2 后退至 SQ3 处停下。

试设计 PLC 的控制程序。

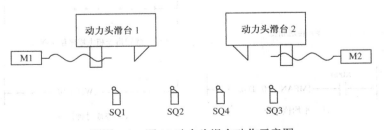

题图 5-8　题 17 动力头滑台动作示意图

第6章

功 能 指 令

许多 PLC 制造厂家,为了充分利用 PLC 中单片机的功能,拓展其应用范围,在基本指令的基础上,开发了一系列可完成不同功能的子程序。调用这些子程序的指令称为功能指令。FX 系列 PLC 的功能指令可分为程序控制、传送与比较、算术与逻辑运算、移位与循环、高速处理等几种。在对控制系统进行程序设计时,充分利用这些功能指令,可大大提高可编程控制器的实用价值,并降低整个控制系统的成本。

6.1 功能指令的基本格式

现在,在许多新的小型 PLC 和各种大型 PLC 中,功能指令采用了计算机通用的助记符形式。本节主要介绍 FX 系列 PLC 功能指令的格式。

6.1.1 功能指令的格式

FX 系统 PLC 功能指令的格式采用梯形图和指令助记符相结合的形式(如图 6-1 所示)。

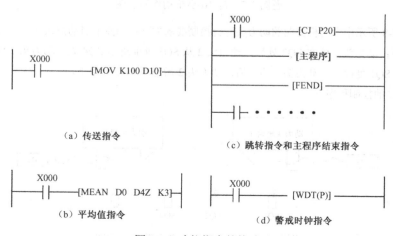

图 6-1 功能指令的格式

从图 6-1 中给出的几条功能指令可以看到，功能指令主要由功能指令助记符和操作元件两大部分组成（如图 6-2 所示）。

图 6-2 功能指令的组成部分

1. 功能指令助记符

FX 系列 PLC 的功能指令按功能号 FNC 00～FNC 99 编排，每条功能指令都有一个指令助记符。功能指令助记符在很大程度上反映该指令的功能特征。图 6-1 所示的梯形图中助记符为 MOV 的功能指令的功能号（FNC）为 12，这是一条传送指令。助记符为 MEAN 的功能指令的功能号（FNC）为 45，这是一条取平均值指令。

2. 功能指令的操作元件

有的功能指令只需要指定功能编号：如图 6-1（d）所示的警戒时钟功能指令，程序中只要标出功能号（FNC）07 即可。但大部分功能指令在指定功能编号的同时，还需指定操作元件。

操作元件分为以下几种。

（1）源操作元件，用[S]表示。在图 6-1（a）中，功能指令 MOV 的源操作元件是 K100。该功能指令将 100 这个常数传送到数据寄存器 D10 中。若用变址功能时，源操作元件表示为[S·]形式。有时操作元件不止一个，可用[S1·]、[S2·]、[S3·]表示。

（2）目标操作元件，用[D]表示。在图 6-1（a）中，功能指令 MOV 的目标操作元件是数据寄存器 D10。若使用变址功能时，目标操作元件表示为[D·]形式。目标操作元件不止一个时，用[D1·]、[D2·]、[D3·]表示。

（3）其他操作元件 n 或 m，用来表示常数。常数前冠以 K 表示是十进制数，常数前冠以 H 表示是十六进制数。如图 6-1（a）中源操作元件是 K100，表示是十进制常数 100。

其他操作元件也可以作为源操作元件或目标操作元件的补充说明。图 6-1（b）所示的功能指令的作用是：将 D0、D1、D2 三个数据寄存器中数据取平均值后，存放到由地址 D4Z 指定的数据寄存器中。D0 是源操作元件的首地址，K3 是源操作元件的补充说明，指定取值个数，即取 D0、D1、D2 三个数据寄存器中的数值。

源操作元件和目标操作元件需要注释的项目较多时，可采用 n1、n2、n3 的形式。

3. 功能指令对应的指令语句表

在指令语句表中，每条功能指令的助记符、功能号和操作元件都表示出来。

图 6-1（a）中传送指令对应的指令语句表如下：

```
0   LD   X0
1   MOV  12
K   100
D   10
```

其中 MOV 功能指令的功能号（FNC）为 12。

图 6-1（b）中平均值指令对应的指令语句表如下：

```
0   LD    X0
1   MEAN  45
D   0
D   4Z
K   3
```

其中 MEAN 功能指令的功能号（FNC）为 45。

6.1.2　功能指令的规则

1. 指令执行形式

FX 系列 PLC 的功能指令有连续执行型和脉冲执行型两种形式。图 6-1（a）所示的功能指令为连续执行型，当常开触点 X000 闭合时，该条传送指令在每个扫描周期都被重复执行。图 6-3 所示的功能指令为脉冲执行型，助记符后面的符号（P）表示脉冲执行，该条传送指令仅在常开触点 X000 由断开转为闭合时被执行。

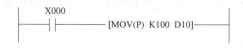

图 6-3　脉冲执行型功能指令

对不需要每个扫描周期都执行的指令，用脉冲执行方式可缩短程序处理时间。

2. 数据长度

功能指令可处理 16 位和 32 位数据。

（1）16 位数据。FX 系统 PLC 中数据寄存器 D、计数器 C0～C199 的当前值寄存器存储的都是 16 位数据。如图 6-4 所示，数据寄存器 D0 共 16 位，每位都只有 "0" 或 "1" 两个数值。

图 6-4　数据寄存器

如图 6-1（a）和图 6-3 所示两个梯形图中，功能指令传送的数据都是 16 位数据。

（2）32 位数据。FX 系列 PLC 中，相邻两个数据寄存器可以组合起来存储 32 位的数据（如图 6-5 所示）。

FX 系列 PLC 中，C200～C234 为 32 位双向计数器，其当前值寄存器为 32 位的寄存器，可供 32 位数据寄存使用。

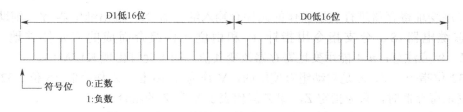

图 6-5 两个寄存器的组合示意图

功能指令中符号"（D）"表示处理的是 32 位数据。如图 6-6 所示的梯形图中常开触点 X000 由断开变为闭合时，将 D0 和 D1 中的 32 位数据，传送到 D10 和 D11 中，其中，D1 是高 16 位，D0 是低 16 位。D1 中内容传送到 D11 中，D0 中内容传送到 D10 中。

处理 32 位数据时，用元件号相邻的两元件组成元件对。元件对的首元件建议统一用偶数编号，以避免错误。

脉冲执行符号"（P）"和 32 位数据处理符号"（D）"可以同时使用。

（3）位元件。处理数据的元件称为字元件，如数据寄存器 D、定时器 T 和计数器中当前值寄存器等。

处理闭合和断开状态的元件为位元件，如输入继电器 X、输出继电器 Y、辅助继电器 M 和状态继电器 S 等。但由位元件组合起来，也可以构成字元件，进行数据处理。位元件的组合由 Kn 加首元件来表示。

每四个位元件为一组，组合成一个单元。如 KnM0 中，n 为单元组数，M0 为由位元件组合构成字元件的首元件编号。例如 K4M0 表示由 M0～M15 组成的 16 位字元件，最低位是 M0，最高位是 M15。K8M0 表示由 M0～M31 组合成的 32 位字元件，最高位是 M31，最低位是 M0。

由位元件组合而成的字元件格式还有 K3X0，K2Y10，K1S10 等。

在做 16 位数据操作时，参与操作的位元件由 Kn 中的 n 指定，n 在 1～3 之间。如果 n=1，则参与操作的位元件只有 4 位；如果 n=2，则参与操作的位元件只有 8 位；如果 n=3，则参与操作的位元件只有 12 位。这时不足部分的高位均当做零处理，这意味着只能处理正数（符号位为"0"表示正数）。同样，在做 32 位数据操作时，Kn 中 n 在 1～7 之间，不足部分的高位均当做零处理。

被组合的位元件的首元件编号可以任选，但为了避免混乱，建议采用 0 结尾的元件，例如 M0、M10、M20 等。

（4）变址寄存器。FX 系列 PLC 内部有两个变址寄存器 V 与 Z，都是 16 位数据寄存器，可像其他的数据寄存器一样进行数据的读写。变址寄存器在传送、比较等功能指令中，用来修改操作对象的元件号。例如图 6-7 所示的梯形图中，如 V=20，Z=25，则 D5V 与 D25 是指同一个数据寄存器（5+20=25），D10Z 与 D35 是指同一个数据寄存器（10+25=35）。该功能指令执行的操作是将 D25 中的数据传送到 D35 中。

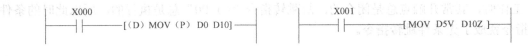

图 6-6 传送 32 位数据的功能指令　　　图 6-7 传送变址寄存器数据的功能指令

可以用变址寄存器进行变址操作的元件有输入继电器 X、输出继电器 Y、辅助继电器 M、状态继电器 S、分支指令用指针 P 和由位元件组合而成的字元件首地。例如 KnM10Z。但应注意：n 不能用变址寄存器改变其值，即不允许出现 K1ZM10。

对 32 位指令，V、Z 是自动组对使用的，V 作为高 16 位，Z 作为低 16 位。32 位指令中用到变址寄存器时，只需指定 Z，即 Z 就代表了 V 和 Z 的组合。

某些情况下使用变址寄存器 V 和 Z，将使程序简化，编程灵活。

6.2 常用功能指令简介

6.2.1 程序流控制功能指令

程序流控制功能指令共有 10 条，它们分别是 CJ 条件跳转、CALL 子程序调用、SRET 子程序返回、IRET 中断返回、EI 允许中断、DI 禁止中断、FEND 主程序结束、WDT 监视定时器刷新、FOR 循环开始、NEXT 循环结束等功能指令。

1. 条件跳转指令

（1）指令的助记符、代码和操作元件如表 6-1 所示。

表 6-1　条件跳转指令

指 令 名 称	助 记 符	指 令 代 码	操 作 元 件 ①	程 序 步
条件跳转	CJ	FNC00	P0～P63	CJ　3步 标号P　1步

CJ 指令主要用于跳过顺序程序的某一部分，可以大大缩短程序的扫描执行时间。

例如在图 6-8 中，如果常开触点 X000 闭合，则执行 CJ 指令，程序跳到标号 P0 处，执行程序 C，将程序 B 跳过不执行，这样，缩短了程序执行时间。如果常开触点 X000 断开，则 CJ 指令不执行，程序 A 执行完后，按顺序执行程序 B 和程序 C。

（2）CJ 指令的使用说明。

① 跳转指令使用的标号 P0～P63 共 64 个，每个标号只能使用一次，否则将会出错。

② 程序中两条或两条以上跳转指令可以使用相同的标号。如图 6-9 所示，如果常开触点 X000 闭合，则第一条跳转指令生效，程序执行时将跳过程序 A 和程序 B，直接跳到标号 P8 处，执行从 P8 开始往后的程序。如果常开触点 X000 是断开的，常开触点 X001 是闭合的，则执行完程序 A 后，第二条跳转指令生效，跳过程序 B，程序从标号 P8 处开始往下执行。

③ 条件跳转指令可以成为无条件跳转指令。图 6-10 所示梯形图中，由于 M8000 在 PLC 工作时，其常开触点总是闭合的，故跳转指令"CJ P0"总是执行的，所以此时的条件跳转指令就成了无条件跳转指令。

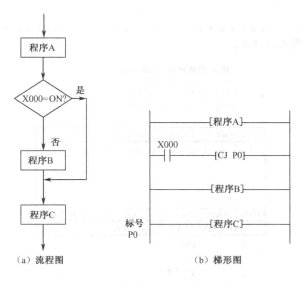

图 6-8 某程序流程图及梯形图

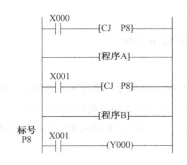

图 6-9 两条跳转指令的梯形图

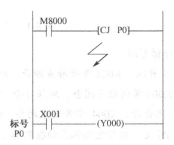

图 6-10 无条件跳转指令梯形图

例 6-1 采用 PLC 控制三相异步电动机单向运行。控制要求为：三相异步电动机既能实现连续运行，又能实现点动控制。

解： 因电动机点动控制和连续控制运行不可能同时进行，因此，采用控制开关 SA 选择电动机的工作方式。设控制开关 SA 断开时，电动机连续运行；控制开关 SA 闭合时，电动机实现点动控制。

① 分配输入点和输出点。

输入点和输出点分配表如表 6-2 所示。

表 6-2 输入点和输出点分配表

输 入 信 号			输 出 信 号		
名　称	代　号	输入点编号	名　称	代　号	输出点编号
启动按钮	SB1	X001	接触器	KM1	Y001
停止按钮	SB2	X002			
点动按钮	SB3	X003			
选择开关	SA	X004			

PLC 的接线图如图 6-11 所示。

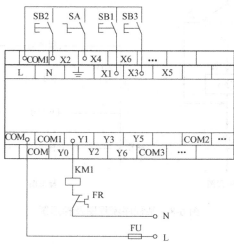

图 6-11　例 6-1 PLC 的接线示意图

② 设计梯形图。

当 SA 断开时，X004 常开触点断开，跳转指令"CJ P0"不执行，执行下面的指令，电动机实现连续运行；X004 常闭触点闭合，跳转指令"CJ P1"执行，电动机点动控制指令不执行。

当 SA 闭合时，X004 常开触点闭合，执行跳转指令"CJ P0"，电动机连续运行的指令不执行，跳转到标号 P0 处，执行电动机点动控制指令。

梯形图和指令语句表如图 6-12 所示。

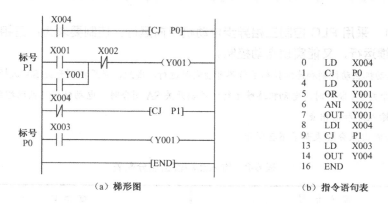

（a）梯形图　　　　　　　（b）指令语句表

图 6-12　例 6-1 梯形图和指令语句表

2. 警戒时钟指令

（1）指令的助记符、代码和操作元件如表 6-3 所示。

警戒时钟指令的功能是：用于程序监视定时器刷新。

表6-3 警戒时钟指令

指令名称	助记符	指令代码	操作元件	程序步
			D	
警戒时钟指令	WDT	FNC07	无	1步

PLC 从 0 步到 END 指令的扫描时间如果超过 100ms，将停止运行，假如一段程序的扫描时间为 180ms，那么这段程序就不可能执行到底。如果此时在程序中插入 WDT 指令，将程序分为两段，每段大约 90ms，执行完第一段程序，WDT 指令将程序监视定时器复位，重新开始计时，使程序按顺序执行完第二段程序。这就可使该程序从 0 步顺利执行到 END，如图 6-13 所示。

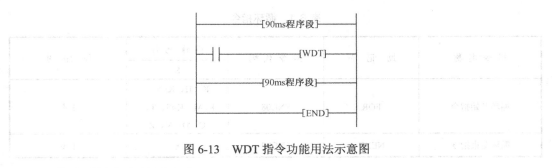

图 6-13 WDT 指令功能用法示意图

（2）警戒时钟指令使用说明。

① WDT 指令的脉冲形式如图 6-14 所示，只有在常开触点 X001 闭合后第一个扫描周期内执行 WDT 指令。如果 WDT 指令不是脉冲形式，则在 X001 闭合期间，每个扫描周期都执行 WDT 指令。

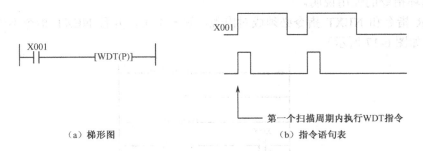

（a）梯形图　　　　　　　　（b）指令语句表

图 6-14 WDT 指令的梯形图和脉冲形式

② 如果希望 PLC 每次扫描时间超过 100ms，可以用后述的传送指令 MOV（FNC12）改写特殊数据寄存器 D8000 的值（如图 6-15 所示）。执行该指令后，最大扫描时间变为 150ms。

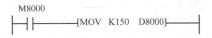

图 6-15 用 MOV 指令改写数据寄存器 D8000 值的梯形图

③ 当 CJ 指令对应标号的步序低于 CJ 指令步序号时（如图 6-16 所示），在标号后应编入 WDT 指令，否则 PLC 可能会因扫描时间超过 100ms 而停止运行。

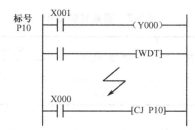

图 6-16 WDT 指令在 CJ 指令对应标号步序低于其指令步序时的用法

3. 循环指令

（1）指令的助记符、代码和操作元件如表 6-4 所示。

表 6-4 循环指令

指令名称	助记符	指令代码	操作元件	程序步
			S	
循环开始指令	FOR	FNC08	K、H、KnX、KnM、KnS、T、C、D、V、Z	3步
循环结束指令	NEXT	FNC09	无	1步

循环指令的功能是：在程序运行时，将 FOR 指令与 NEXT 指令之间的程序重复执行 n 次，然后再执行 NEXT 指令之后的程序。循环次数 n 由操作元件指定，其范围为 1～32 767。

（2）循环指令的使用说明。

① FOR 指令和 NEXT 指令必须成对出现，缺一不可，并且 NEXT 指令不能放在 FOR 指令之前（如图 6-17 所示）。

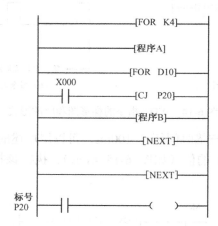

图 6-17 FOR 和 NEXT 指令的用法示意图

假设数据寄存器 D10 中的数据为 6，则"FOR D10"指令和程序 B 下面一条 NEXT 指令为一对循环指令，循环次数由 D10 中数据决定，即 6 次循环。"FOR K4"指令和第二条

NEXT 指令是另一对循环指令，其循环次数由常数 K4 决定，即 4 次循环。当循环了 4 次以后，第二条 NEXT 指令以后的程序才被执行。程序 A 执行一次，程序 B 要循环 6 次，所以程序 A 循环 4 次，程序 B 一共执行 24 次。

② 利用跳转指令，可跳出循环体。在图 6-17 中，如果常开触点 X000 闭合，则执行"CJ P20"指令，程序跳到标号 P20 处，执行由此开始向后的程序。

③ FX 系列 PLC 循环指令最多允许 5 级嵌套。

6.2.2 传送和比较功能指令

传送和比较功能指令共 10 条，它们分别是 CMP 比较、ZCP 区间比较、MOV 传送、SMOV BCD 码数码移位、CML 取反传送、BMOV 成批传送、FMOV 多点传送、XCH 变换传送、BCD—BIN→BCD 变换传送、BIN—BCD→BIN 变换传送等功能指令。

1. 比较指令和区间比较指令

（1）指令的助记符、代码和操作元件如表 6-5 所示。

表 6-5 比较指令和区间比较指令

指令名称	助记符	指令代码	操作元件				程序步
			S1	S2	S3	D	
比较指令	CMP	FNC10	K、H、KnX、KnY、KnM、KnS、T、C、D、V、Z			Y M S	CMP、CMP（P）7 步 （D）CMP、（D）CMP（P）13 步
区间比较指令	ZCP	FNC11					ZCP、ZCP（P）9 步 （D）ZCP、（D）ZCP（P）17 步

（2）指令功能。

比较指令 CMP 的功能是：将源操作元件[S1]和源操作元件[S2]的数据进行比较，结果送到目标操作元件[D]中。

比较指令的使用如图 6-18 所示，源操作元件[S1]是十进制常数 10，[S2]是计数器 C2 的当前值寄存器中的数据，目标操作元件的首元件是 M10。该条指令执行时，M10、M11、M12 根据比较结果动作，当 K10＞C2 的当前值时，M10 接通；K10＝C2 的当前值时，M11 接通；K10＜C2 的当前值时，M12 接通。

当执行条件 X010 断开时，CMP 指令不执行，M10、M11、M12 的状态保持不变。

区间比较指令 ZCP 的功能是：将一个源操作元件[S3]的数值与另两个源操作元件[S1]和[S2]的数值进行比较，结果送到目标操作元件[D]中。

区间比较指令的使用如图 6-19 所示。

源操作元件[S1]的数据不能大于[S2]的数据。假如置[S1]=K100，[S2]=K10，则 ZCP 指令执行时，就按[S2]=K100 来执行。

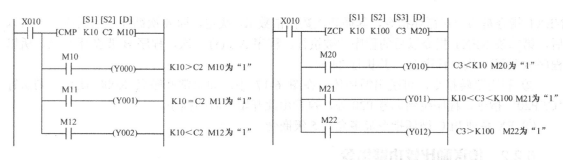

图 6-18　比较指令的用法　　　　　　图 6-19　区间比较指令的用法

执行图 6-19 中 ZCP 指令时，C3 的当前值＜K10 时，M20 接通；K10＜C3 的当前值＜K100 时，M21 接通；C3 的当前值＞K100 时，M22 接通。

当执行条件 X010 断开时，ZCP 指令不执行，M20、M21、M22 的状态保持不变。

2. 传送指令和取反传送指令

（1）指令的助记符、代码和操作元件如表 6-6 所示。

表 6-6　传送指令和取反传送指令

指令名称	助记符	指令码	操作元件		程序步
			S	D	
传送指令	MOV	FNC12	K、H、KnX、KnY、KnM、KnS、T、C、D、V、Z	KnY、KnM、KnS、T、C、D、V、Z	MOV、MOV（P） 5 步 （D）MOV、（D）MOV（P） 9 步
取反传送指令	CML	FNC14			CML、CML（P） 5 步 （D）CML、（D）CML（P） 9 步

（2）指令功能。

MOV 指令功能是：将源操作元件 [S]中的数据传送到指定的目标操作元件[D]中。

MOV 指令的使用如图 6-20 所示。

当常开触点 X000 闭合时，MOV 指令将常数 K10 传送到数据寄存器 D10 中。在传送过程中，常数 K10 自动转换成二进制数。

当常开触点 X001 闭合时，MOV 指令将由位元件组合成的字元件 K1X0 中数据传送到 K1Y0。

CML 指令功能是：将源操作元件[S]中的数据取反后，再送到目标操作元件[D]中。

CML 指令使用如图 6-21 所示。

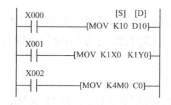

图 6-20　使用 MOV 指令的梯形图

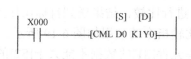

图 6-21　使用 CML 指令的梯形图

X000 为闭合状态时，CML 指令将 D0 中数据逐位取反（即逢 "1" 取 "0"，逢 "0" 取 "1"），并送到 K1Y0 中。因 D0 是 16 位数据寄存器，K1Y0 只有四位，CML 指令执行后，只传送相应低四位数据，不足部分的高位 Y4 至 Y17 均不变（如图 6-22 所示）。

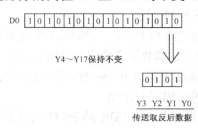

图 6-22　执行 "CML D0 K1Y0" 指令后 Y0~Y17 的状态

CML 指令用于使 PLC 获得反逻辑输出时非常方便。

3. BCD 变换指令和 BIN 变换指令

PLC 的数据寄存器 D、计数器和定时器的当前值寄存器中的数据形式有二进制（BIN 码）数据和二-十进制（BCD 码）数据。图 6-23（a）、（b）分别给出了一个 16 位的二进制数据和一个 BCD 码数据。

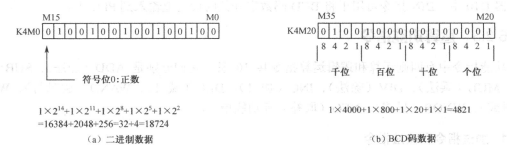

图 6-23　十六位二进制数据和 BCD 码数据

16 位寄存器除去一个符号位，15 位的二进制数最大为 32 767，16 位寄存器表示的二-十进制数最大为 9 999。

（1）指令助记符、代码和操作元件如表 6-7 所示。

表 6-7　变换指令

指令名称	助 记 符	指令代码	操 作 元 件		程 序 步
			S	D	
BCD 变换指令	BCD	FNC18	KnX、KnY、KnM、T、C、D、V、Z		BCD、BCD（P）　5 步 (D) BCD、(D) BCD（P） 9 步
BIN 变换指令	BIN	FNC19			BIN、BIN（P）　5 步 (D) BIN、(D) BIN（P） 9 步

（2）变换指令功能。

BCD 变换指令功能是：将源操作元件[S]中的二进制数转换成 BCD 码后，再送到目标操作文件[D]中。

BCD 变换指令的使用如图 6-24 所示。

当 X020 闭合时，BCD 变换指令将 D1 中二进制数据变换成 BCD 码后，送到 Y0～Y7 中。BCD 变换指令可用于将 PLC 中二进制数据变换成 BCD 码输出，以驱动七段显示数码管。

如果 BCD 指令执行的变换结果超出 0～9 999 的范围就会出错，（D）BCD 指令执行的变换结果超出 0～99 999 999 的范围就会出错。

BIN 变换指令功能是：将源操作元件[S]中的 BCD 码数据转换成二进制数据后，再送到目标操作元件[D]中。

BIN 变换指令的使用如图 6-25 所示。

图 6-24　BCD 变换指令的用法　　　　图 6-25　BIN 变换指令的用法

当 X020 闭合时，BIN 指令将 K2X10 中的 BCD 码数据转换成二进制数据后，送到数据寄存器 D10 中。BIN 指令可用于将 BCD 码数字开关的设定值输入到 PLC 中。

6.2.3　运算功能指令

功能指令中有四则运算和逻辑运算指令共 10 条，它们分别是 ADD（加法）、SUB（减法）、MUL（乘法）、DIV（除法）、INC（加 1）、DEC（减 1）、WAND（逻辑与）、WOR（逻辑或）、WXOR（异或）、NEG（取补）等功能指令。

1. 加法指令和减法指令

（1）指令助记符、代码和操作元件如表 6-8 所示。

表 6-8　加法指令和减法指令

指 令 名 称	助 记 符	指令代码	操 作 元 件			程 序 步
			S1	S2	D	
加法指令	ADD	FNC20	K、H KnX、 KnY、 KnM、KnS、 T、C、 D、V、Z		KnX、 KnY、 KnM、 KnS、 T、C、 D、V、Z	ADD、ADD（P）7 步 （D）ADD、（D）ADD（P） 13 步
减法指令	SUB	FNC21				SUB、SUB（P）7 步 （D）SUB、（D）SUB（P） 13 步

（2）指令功能。

ADD 指令功能是：将指定的源操作元件[S1]和[S2]中的二进制数相加，结果送到指定的目标操作元件[D]中去，即

$$[S1] + [S2] \rightarrow [D]$$

SUB 指令功能是：将指定的源操作元件[S1]和[S2]中的二进制数相减，结果送到指定的目标操作元件[D]中去，即

$$[S1] - [S2] \rightarrow [D]$$

加法指令和减法指令的使用如图 6-26 所示。

图 6-26（a）中，数据寄存器 D0 中的数据加上 D2 中的数据的结果被送到 D10 中。图 6-26（b）中数据寄存器 D20 中的数据减去 D22 中的数据，结果被送到 D30 中。

（3）加法指令和减法指令使用说明。

① 加法指令和减法指令有四个标志。

M8020：零标志。如果运算结算为零，M8020 置 1。

M8021：借位标志。如果运算结果小于−32 767（16 位运算）或小于−2 147 483 648（32 位运算），则 M8021 置 1。

M8022：进位标志。如果运算结果大于 32 767（16 位运算）或大于+2 147 483 648（32 位运算），则 M8022 置 1。

M8023：浮点操作标志。M8023 置 1 后进行浮点值之间的加法运算或减法运算。

图 6-27 所示是 ADD 指令和 SUB 指令进行浮点运算的典型梯形图格式。

浮点标志必须放在加法指令或减法指令执行前，用 SET 指令驱动。另外，浮点运算必须是双字节，即 32 位形式。

② 加法指令和减法指令进行的运算是二进制代数运算，数据的最高位作为符号位：0 为正，1 为负。

③ 在 32 位运算中，被指定的源操作元件和目标操作元件是字元件时，指定的字元件都是低 16 位元件，而下一个元件即为高 16 位元件，建议指定操作元件时用偶数元件号。例如图 6-27 中，ADD 指令中，[S1]指定了 D10，则该源操作元件的低 16 位放在 D10 中，高 16 位放在 D11 中。

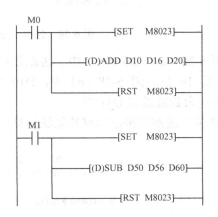

图 6-26　加法指令和减法指令的用法　　　图 6-27　用加法和减法进行浮点运算的典形梯形图

2. 乘法指令和除法指令

（1）指令助记符、代码和操作元件如表 6-9 所示。

表6-9　乘法指令和除法指令

指令名称	助记符	指令代码	操作元件			程序步
			S1	S2	D	
乘法指令	MUL	FNC22	K、H KnX、 KnY、	KnY、 KnM、 KnS、		MUL、MUL（P）7步 (D) MUL、(D) MUL（P） 13步
除法指令	DIV	FNC23	KnM、KnS、 T、C、D、 V、Z		T、C、 D、Z （Z只用 于16位 运算）	DIV、DIV（P）7步 (D) DIV、(D) DIV（P） 13步

（2）指令功能。

MUL指令功能是：将指定的16位二进制源操作元件[S1]和[S2]相乘后，其结果以32位形式送到指定的目标操作元件[D]中，即

$$[S1] \times [S2] \rightarrow [D]$$

DIV指令功能是：将指定的源操作数[S1]作为被除数，[S2]作为除数，两个二进制数相除后，商送到指定的目标操作元件中，余数送到目标操作元件下一个元件中，即

$$[S1] \div [S2] \rightarrow [D]（32位数）$$

16位二进制数乘法运算和除法运算如图6-28所示。

```
    X000         [S1] [S2] [D]          X001         [S1] [S2] [D]
    ─┤├────────[MUL  D0  D2  D4]─        ─┤├────────[DIV  D10 D20 D30]─
       （a）16位乘法运算                      （b）16位除法运算
```

图6-28　16位二进制数乘法和除法运算梯形图

图6-28（a），D0和D2中二进制数相乘，结果送到D5和D4中，其中D5是高16位，D4是低16位。图6-28（b）中，D10中数据是被除数，D20中数据是除数，其商被送到D30中，余数被送到D31中。

32位二进制数乘法运算和除法运算如图6-29所示。

```
    X000              [S1] [S2] [D]          X001              [S1] [S2] [D]
    ─┤├────────[(D)MUL  D0  D2  D4]─        ─┤├────────[(D)DIV  D0  D2  D4]─
       （a）32位二进制数乘法运算                   （b）32位二进制数除法运算
```

图6-29　32位二进制数乘法和除法运算梯形图

图6-29（a）中，D1和D0中32位的二进制数乘以D3和D2中的32位的二进制数，结果是一个64位数据，被送到D7、D6、D5和D4中。图6-29（b）中，D1和D0中32位的二进制数是被除数，D3和D2中数据是除数，其商是32位数据，被送到D5和D4中，余数也是一个32位数据，被送到D7和D6中。

（3）乘法指令和除法指令使用说明。

① 在 16 位乘法和除法运算中，不能将变址寄存器 V 作为目标操作元件，在 32 位乘法和除法运算中，变址寄存器 V 和 Z 都不能作为目标操作元件。

② 乘法指令和除法指令进行浮点运算时，运算前必须采用"SET M8023"指令使 M8023 置位，运算后，使 M8023 复位，结束浮点操作。浮点运算必须是双字节形式，即 32 位数据。

3. 加 1 指令和减 1 指令

（1）指令助记符、代码和操作元件如表 6-10 所示。

表 6-10　加 1 指令和减 1 指令

指令名称	助记符	指令代码	操作元件 D	程序步
加 1 指令	INC	FNC24	KnY、KnM、KnS、T、C、D、V、Z	INC、INC（P）　3 步 （D）INC、（D）INC（P） 5 步
减 1 指令	DEC	FNC25		DEC、DEC（P）3 步 （D）DEC、（D）DEC（P） 5 步

（2）指令功能。

INC 指令功能是：将指定的目标操作元件[D]中二进制数据自动加 1，即[D]+1→[D]。

DEC 指令功能是：将指定的目标操作元件[D]中二进制数据自动减 1，即[D]−1→[D]。

INC 指令和 DEC 指令的使用如图 6-30 所示。

（a）加1指令　　　　　　　　（b）减1指令

图 6-30　使用加 1 和减 1 指令的梯形图

图 6-30（a）中，在 X001 由断开变为闭合时，D10 中数据自动加 1。图 6-30（b）中，在 X001 由断开变为闭合时，D20 中数据自动减 1。

（3）指令使用说明。

① 加 1 指令和减 1 指令若用连续指令，即功能指令助记符后面没有（P）符号时，每个扫描周期内，指定的目标操作元件[D]中数据自动加 1 或自动减 1。

② 16 位数据运算时，+32 767 再加 1 就变为−32 768，或−32 768 再减 1 就变为+32 767，但标志不置位。32 位数据运算时，+2 147 483 647 再加 1 变为−2 147 483 648，或−2 147 483 648 再减 1 就变为+2 147 483 647，但标志也不置位。

6.2.4　其他功能指令

FX 系列 PLC 其他功能指令如下。

① 循环移位与移位功能指令有 ROR 右循环移位、ROL 左循环移位、RCR 带进位位右循环移位、RCL 带进位位左循环移位、SFTR 右移位、SFTL 左移位、WSFR 右移字、WSFL 左移字、SFWR 先入先出 FIFO 写入、SFRD 先入先出 FIFO 读出等功能指令。

② 数据处理功能指令有 ZRST 成批复位、DECO 译码、ENCO 编码、SUM 位检查"1"状态的总数、BON 位 ON/OFF 判定、MEAN 平均值、ANS 信号报警器置位、ANR 信号报警器复位、SQR 开方运算、FLT 浮点等。

③ 高速处理功能指令有 REF 输入输出刷新、REFF 调整输入滤波器时间、MTR 矩阵输入、HSCS 比较置位（高速计数器）、HSZ 区间比较（高速计数器）、SPD 脉冲速度检测、PLSY 脉冲输出、PWM 脉宽调制等。

④ 方便指令功能指令有 IST 初始状态、SER 数据检索、ABSD 绝对值式凸轮顺控、INCD 增量式凸轮顺控、TTMR 具有示教功能的定时器、STMR 特殊定时器、ALT 交替输出、RAMP 倾斜信号、ROTC 回转台控制、SORT 数据整理排列等。

⑤ 外部 I/O 设备功能指令有 TKY 十进制数据键入、HKY 十六进制数据键入、DSW 数字开头分时读出、SEGD 七段译码、SEGL 七段分时显示、ARWS 方向开关控制、ASC ASCⅡ码变换、PR ASCⅡ码打印、FROM 读特殊功能模块等。

⑥ 外部 SER 设备功能指令有 TO 写特殊功能模块、RS 串行数据传送 RS232C、PRUN 并行运行、ASCⅠ ASCⅡ变换、HEX 十六进制数据转换、CCD 校验码、VRRD FX-8AV 读出、VRSC FX-8AV 刻度读出、PID 比例微分积分控制等。

⑦ F2 外部单元功能指令有 MNET NET/MINI 网、ANRD 模拟量读出、ANWR 模拟量写入、RMST RM 单元启动、RMWR RM 单元写入、RMRD RM 单元读出、RMMN RM 单元监控、BLK GM 程序块指定、MCDE 机器码读出等。

1. 位元件左/右移位指令

（1）指令助记符、代码和操作元件如表 6-11 所示。

表 6-11 位元件左/右移位指令

指令名称	助记符	指令代码	操作元件				程序步
			S	D	n1	n2	
位元件右移位指令	SFTR	FNC34	X、Y、M、S		K、H n2≤n1≤1 024		SFTR、SFTR（P）9步
位元件左移位指令	SFTL	FNC35					SFTL、SFTL（P）9步

（2）指令功能。

从表 6-11 可知，位元件左/右移位指令的源操作元件[S]和目标操作元件[D]都是位元件 X、Y、M 和 S，操作元件 n1 指定目标操作元件[D]的长度，操作元件 n2 指定移位位数和源操作元件[S]的长度。

位元件右移位指令的梯形图如图 6-31 所示。源操作元件[S]的长度是 2，即 X0 和 X1 组成源操作元件。目标操作元件[D]的长度是 8，即 M0～M7 组成目标操作元件。当 X010 由断开到闭合时执行 SFTR 指令，首先 M0～M7 由高位（元件编号大的）向低位右移 2 位，然后将 X1 和 X0 状态分别"填补"到 M7 和 M6 中，其移位过程如图 6-32 所示。

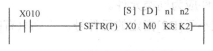

图 6-31　位元件右移指令的梯形图

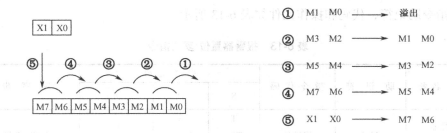

图 6-32　执行图 6-31 指令后移位过程示意图

图 6-33 所示为位元件左移位指令及移位动作过程。

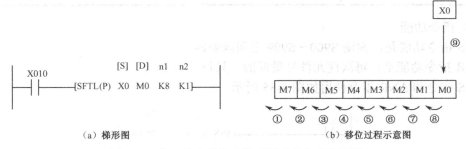

图 6-33　位元件左移指令梯形图及移位动作过程

2. 成批复位指令（也称区间复位指令）

（1）指令助记符、代码和操作元件如表 6-12 所示。

表 6-12　成批复位指令

指令名称	助记符	指令代码	操作元件		程序步
			D1	D2	
成批复位指令	ZRST	FNC40	Y、M、S T、C、D		ZRST、ZRST（P）5步

（2）指令功能。

ZRST 指令功能是：将目标操作元件[D1]指定元件与[D2]指定元件之间的所有元件同时复位。成批复位指令的使用如图 6-34 所示。

图 6-34　使用成批复位指令的梯形图

（3）ZRST 使用说明。

① [D1]和[D2]指定的元件应为同类元件。

② [D1]指定的元件号应小于[D2]指定的元件号，否则只有[D1]指定的元件被复位。

3．报警器置位/复位指令

（1）指令助记符、代码和操作元件如表 6-13 所示。

表 6-13　报警器置位/复位指令

指令名称	助记符	指令代码	操作元件			程序步
			S	D	n	
报警器置位指令	ANS	FNC46	T（T0～T99）	S（S900～S999）	K n=1～32 767	ANS　7 步
报警器复位指令	ANR	FNC47	无			ANR、ANR（P）1 步

（2）指令功能。

ANS 指令功能是：驱动 S900～S999 之间报警器。

ANR 指令功能是：每次使元件号最低的一只报警器复位。

ANS 指令和 ANR 指令使用如图 6-35 所示。

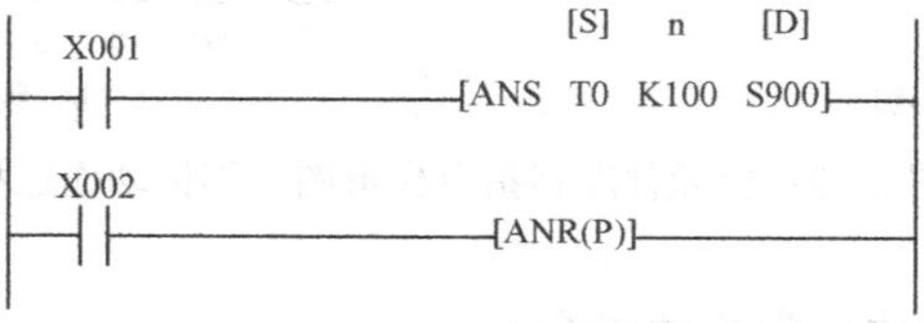

图 6-35　使用报警器置位/复位指令的梯形图

当 X001 闭合超过 10s（n 设定定时器 T10 的定时值），ANS 指令使报警器 S900 置 1；当 X001 断开后，定时器 T10 自动复位，而 S900 仍保持为 1。

当 X002 由断开变为闭合时，ANR 指令使 S900～S999 之间被置 1 的报警器复位。如果被置 1 的报警器超过 1 个，则元件号最低的那个报警器被复位，X002 再次闭合时，则下一个元件号最低的被置 1 的报警器复位。

4．初始状态指令

（1）指令助记符、代码和操作元件如表 6-14 所示。

表 6-14　初始状态指令

指令名称	助记符	指令代码	操作元件			程序步
			S	D1	D2	
初始状态指令	IST	FNC60	X、Y、M、S 8 个连续号元件	S[D1]＜[D2] FX：S20～S899		IST 7 步

（2）指令功能。

IST 指令功能是：自动设置初始状态和特殊辅助继电器。

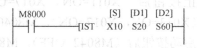

图 6-36　使用初始状态指令的梯形图

IST 指令使用如图 6-36 所示。

① 源操作元件[S]指定操作方式输入的首元件，一共是 8 个连续号的元件。这些元件可以是 X、Y、M 和 S 元件。图 6-36 中，8 个连续号的元件及其作用如下。

X010：手动　　　　　　　　X014：全自动运行

X011：回原点　　　　　　　X015：回原点启动

X012：单步运行　　　　　　X016：自动运行启动

X013：单周运行（半自动）　X017：停止

X010～X014 五个元件不会同时接通，可用选择开头控制。

② 目标操作元件[D1]和[D2]分别指定自动操作中实际用到的状态元件的最低编号和最高编号。

③ 当指令执行条件变为 ON 时，下列元件自动受控，其后执行条件变为 OFF 后，这些元件的状态仍保持不变。

S0：手动操作初始状态　　　　　　　M8040：禁止转移

S1：回原点初始状态　　　　　　　　M8041：转移开始

S2：自动操作初始状态　　　　　　　M8042：启动脉冲

M8047：STL 监控有效（步进顺控指令）

④ 由 IST 指令自动指定的初始状态 S0、S1 和 S2 的运行方式照图 6-37 所示的形式进行。

⑤ 执行 IST 指令后，特殊继电器 M8040、M8041、M8042 和 M8047 自动受控，其动作内容可用梯形图来说明。

a. M8040 为禁止转移用辅助继电器，当 M8040＝ON 时，禁止所有状态转移。其动作内容如图 6-38 所示。

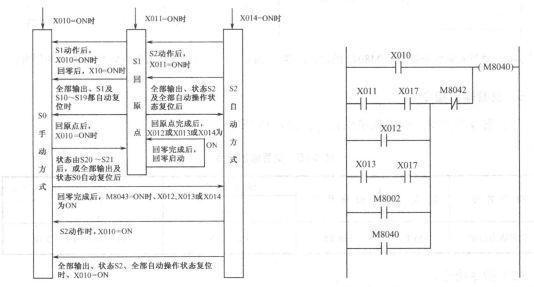

图 6-37　执行初始状态指令后初始状态的运行方式　　图 6-38　执行初始状态指令后 M8040 的动作内容

由图 6-38 可知：手动状态下，X010＝ON 时，M8040 总是接通；在回原点时，按下停止按钮后（X011＝ON，X017＝ON），M8040 接通；在单周期运行时，按下停止按钮后（X013＝ON，X017＝ON），M8040 接通；在 PLC 启动时，M8020＝ON，M8040 接通，在按下启动按钮后（M8042＝OFF），M8040 断开，使状态可以顺序转移一步。

b. M8041 是从自动方式的初始状态 S2 向下一个状态转移的转移条件辅助继电器，其动作内容如图 6-39 所示。

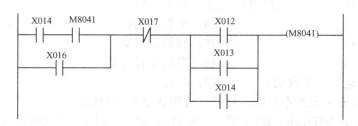

图 6-39　执行初始状态指令后 M8041 的动作内容

由图 6-39 可知：手动回原点时，M8041 不动作；步进或单周期运行时，仅在按启动按钮（X012＝ON、X016＝ON 或 X013＝ON、X016＝ON）时，M8041 接通；自动时，按启动按钮后，M8041 接通并自锁，按下停止按钮后，M8041 由接通变为断开。

c. M8042 是按下启动按钮的瞬时接通一个扫描周期，并产生启动脉冲的辅助继电器，其动作内容如图 6-40 所示。

全自动运行方式启动 X016＝ON 时，或回原点启动 X015＝ON 时，M8042 接通一个扫描周期。

d. M8047 是 STL 监控有效辅助继电器。在 M8047＝ON 时，状态继电器 S0～S899 中正在动作的状态继电器从最低号开始，按顺序存入特殊数据寄存器 D8040～D8047 中，最多可存入 8 个状态。M8047 动作内容如图 6-41 所示。

图 6-40　执行初始状态指令后 M8042 的动作内容　　图 6-41　执行初始状态指令后 M8047 的动作内容

5. 交替输出指令

（1）指令助记符、代码和操作元件如表 6-15 所示。

表 6-15　交替输出指令

指 令 名 称	助 记 符	指令代码	操 作 元 件 D	程 序 步
交替输出指令	ALT	FNC66	Y、M、S	ALT、ALT（P）　3 步

（2）指令功能。

ALT 指令功能是：每当控制条件由 OFF 到 ON 时，目标操作元件[D]的状态发生一次改变，即由接通状态变为断开状态，或由断开状态变为接通状态。

ALT 指令使用如图 6-42 所示。

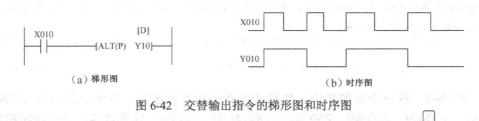

（a）梯形图　　　　　　　　　　　　　　（b）时序图

图 6-42　交替输出指令的梯形图和时序图

6.3　编程实例

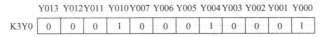

✏ **例 6-2**　应用传送指令，使分别接在 Y0、Y1 和 Y2 三个输出端的灯亮和熄灭。

解： 要使 Y0、Y1 和 Y2 有输出信号，只要使 K3Y0 字元件中 Y0、Y1 和 Y2 三位为 1，而其他 9 位都为 0 即可。

十进制常数 $K273 = 1 \times 2^0 + 1 \times 2^4 + 1 \times 2^8$，即 K273 转换为二进制数正好满足要求，如图 6-43 所示。

输入点和输出点分配表如表 6-16 所示。

	Y013	Y012	Y011	Y010	Y007	Y006	Y005	Y004	Y003	Y002	Y001	Y000
K3Y0	0	0	0	1	0	0	0	1	0	0	0	1

图 6-43　K3Y0 的状态

表 6-16　输入点和输出点分配表

输入信号			输出信号		
名　称	代　号	输入点编号	名　称	代　号	输出点编号
开灯	SB1	X000	灯 1	HL1	Y000
关灯	SB2	X001	灯 2	HL2	Y001
			灯 3	HL3	Y002

PLC 接线图如图 6-44 所示，梯形图如图 6-45 所示。

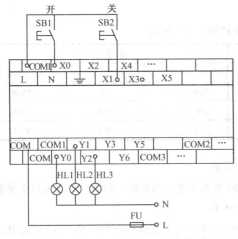

图 6-44　例 6-2 PLC 接线图

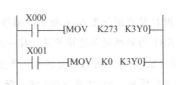

图 6-45　例 6-2 PLC 梯形图

当按下按钮 SB1 时，X000 闭合，则 K273 传送到 K3Y0 中。在传送过程中，PLC 自动将十进制数转变为二进制数，接在 Y0、Y1 和 Y2 三个输出端的指示灯亮。

如果按下按钮 SB2 时，X001 闭合，将 0 传送到 K3Y0 中，K3Y0 中每一位都为 0，接在 Y0、Y1 和 Y2 三个输出端的指示灯熄灭。

例 6-3　有一个电加热炉，加热功率有七挡可供选择，其大小分别为 500W、1000W、1500W、2000W、2500W、3000W 和 3500W。功率选择由一个按钮控制：按第一次时，选第一挡加热功率；按第二次时，选第二挡加热功率……按第八次时，停止加热。

解：利用字元件 K1Y0 每次加 1 后，可使 Y0～Y3 中有不同的置 1 位。Y0～Y3 的状态如表 6-17 所示。

表 6-17　利用字元件 K1Y0 每次加 1 后，Y000～Y003 的状态

	Y003	Y002	Y001	Y000	要求的输出功率
K1Y0＝0	0	0	0	0	0W
① K1Y0+1 后	0	0	0	1	500W
② K1Y0+1 后	0	0	1	0	1000W
③ K1Y0+1 后	0	0	1	1	1500W
④ K1Y0+1 后	0	1	0	0	2000W
⑤ K1Y0+1 后	0	1	0	1	2500W
⑥ K1Y0+1 后	0	1	1	0	3000W
⑦ K1Y0+1 后	0	1	1	1	3500W
⑧ K1Y0+1 后	1	0	0	0	0W

由上面的状态分析可知，在输出点 Y0 接一根 500W 的电阻丝，Y1 接一根 1000W 的电阻丝，Y2 接一根 2000W 的电阻丝，再通过 INC 指令（加 1 指令）即可满足要求。

输入点和输出点分配表如表 6-18 所示。

表 6-18　输入点和输出点分配表

输入信号			输出信号		
名　称	代　号	输入点编号	名　称	代　号	输出点编号
功率选择	SB1	X000	500W 电阻丝	R1	Y000
停止加热	SB2	X001	1kW 电阻丝	R2	Y001
			2kW 电阻丝	R3	Y002

PLC 接线图如图 6-46 所示，梯形图如图 6-47 所示。

SB1 为加热功率选择开关。按一次 SB1，X000 由断开变为闭合时，INC 指令使 K1Y0 中数据加 1，Y0～Y3 中有不同的输出信号，产生不同的加热功率。

梯形图中，Y003 或 X001 常开触点闭合，ZRST 指令（区间复位指令）使 Y0～Y3 都复位，停止加热。

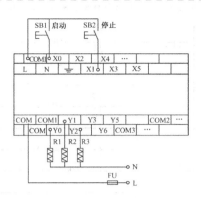

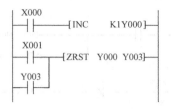

图 6-46　例 6-3 PLC 接线图　　　图 6-47　例 6-3 PLC 的梯形图

例 6-4　用一只按钮 SB1 控制三台电动机单独启动，用另一只按钮 SB2 控制三台电动机单独停止。

解： 用位元件左移指令可以对三台电动机实现单独启动和停止控制。

输入点和输出点分配如表 6-19 所示。

表 6-19　输入点和输出点分配表

输入信号			输出信号		
名　称	代　号	输入点编号	名　称	代　号	输出点编号
启动按钮	SB1	X000	接触器（M1）	KM1	Y001
停止按钮	SB2	X001	接触器（M2）	KM2	Y002
			接触器（M3）	KM3	Y003

PLC 接线图如图 6-48 所示，梯形图如图 6-49 所示。

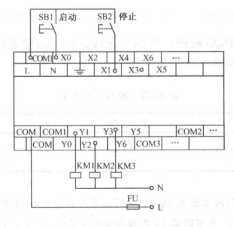

图 6-48　例 6-4 PLC 接线图

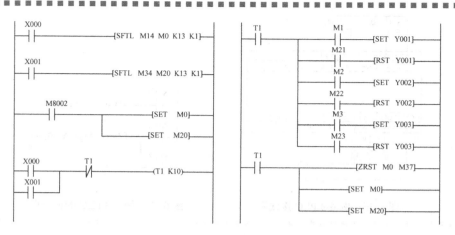

图 6-49　例 6-4 PLC 的梯形图

　　PLC 开机运行后，M8002 使 M0 和 M20 置 "1"。要启动第一台电动机，按下启动按钮 SB1，并持续 1s 以上，X000 闭合，SFTL 指令将 M0 的 1 状态移位到 M1 中，M1 常开触点闭合。按下 SB1 的同时，定时器 T1 开始定时，1s 后，T1 常开触点闭合。T1 和 M1 常开触点都闭合后，"SET Y001" 指令使 Y001 置位，Y001 输出信号使第一台电动机启动。电动机启动后，ZRST 指令使 M0～M37 都复位，并使 M0 和 M20 置位，为启动下一台电动机做准备。

　　要启动第二台电动机，按下启动按钮 SB1 两次，使 M0 的 1 状态被移位到 M2 中，但第二次按下 SB1 时，持续时间应在 1s 以上，使 T1 常开触点闭合。T1 和 M2 常开触点闭合后，"SET Y002" 指令使 Y002 置位，Y002 输出信号使第二台电动机启动。

　　同理，按启动按钮 SB1 三次，则第三台电动机启动。三台电动机的启动顺序可以任意选择。

　　如果三台电动机都已启动运行了，按停止按钮 SB2 一次，并持续 1s 以上，则第一台电动机停止运行；按 SB2 两次，第二次按下 SB2 时，持续时间在 1s 以上，第二台电动机停止运行……三台电动机停止顺序也可以任意选择。

　　例 6-5　设计一个 PLC 程序，可用一只按钮任意改变定时器的定时值。

　解： 输入点分配表如表 6-20 所示。

表 6-20　输入点分配表

名　称	代　号	输入点编号
设定定时值	SB1	X000
检验定时值	SB2	X001

　　定时器的定时值可以直接用常数 K 设定，也可以用数据寄存器 D 中数据作为设定值（如图 6-50 所示）。如果 D0 中数据为 200，则定时器 T1 在线圈得电并定时 20s 后，T1 的触点动作。

　　图 6-50 中的定时器 T0 和 T1 的定时时间在编程时已经设定，如果要改变其设定值，必须修改程序；其实用外部按钮也可以改变定时器的设定值。梯形图如图 6-51 所示。

```
    X000
    ─┤├──────────────(T0  K100)─
    X001
    ─┤├──────────────(T1  D0)──
```

图 6-50 利用数据寄存器中数据作为计时器的设定值

PLC 的输入点 X0 接的按钮 SB1 用于设定定时器 T0 的定时值，输入点 X1 所接按钮 SB2 用做检验 T0 的设定值正确与否。同时按下 SB1 和 SB2，使程序中常开触点 X000 和 X001 同时闭合，传送指令将常数 K0 传送到 D0 中，使 D0 清零，为重新设定 T0 定时值做准备。

```
    X000  T1
    ─┤├──┤/├──────────────[INC  D0]──
    M8012  T1
    ─┤├──┤├
    X001
    ─┤├──────────────────(T0  D0)──
                         ─[BCD  T0  K2Y000]─
    T0   X000
    ─┤├──┤/├──────────────(Y010)──
    T0
    ─┤├──────────────[BCD  D0  K2Y010]─
    X000  X001
    ─┤├──┤├──────────────[MOV  K0  D0]──
                         ──────(T1  K10)──
```

图 6-51 例 6-5 PLC 梯形图

设定 T0 定时值的方法有两种。

一种是按下 SB1 后马上松开，每当常开触点 X000 由断开变为闭合时，加 1 指令（INC 指令）就使 D0 中数据加 1，不断按下、松开 SB1，改变 D0 中数据，便可得到所需要的 T0 设定值。

另一种办法是按下 SB1 后保持 1s 以上。T1 定时器的常闭触点断开，T1 的常开触点闭合，使特殊继电器 M8012 常开触点对 INC 指令起控制作用，每隔 0.1s，M8012 常开触点闭合一个扫描周期，使 D0 中数据不断加 1，在 1s 内加 10 次，这样，T0 的设定值不断改变。当达到所需要的值时，松开 SB1，即 X000 常开触点断开，T1 线圈失电，T1 常开触点断开，M8012 常开触点通断不会再控制 INC 指令，K0 中数据将不会再改变。

两条 BCD 指令是将 T0 的设定值和 K0 中数据由二进制数变换成 BCD 码，再传送到输出点，可以驱动七段显示，使设定进程中任意时刻的设定值都能以数字方式显示。

  例 6-6 用功能指令对例 3-8 进行编程。工作台自动往返的控制要求为：

① 自动循环控制；

② 点动控制（供调试用）；

③ 单循环运行，即工作台前进、后退一次循环后停止在原位；

④ 8 次循环计数控制，即工作台前进、后退为一个循环，循环 8 次后自动停止在原位。

解：

PLC 输入点和输出点分配表如表 3-5 所示，接线图如图 3-79 所示。

S21：X000，点动/自动控制选择开关。

SB1：X001，停止按钮。

SB2：X002，工作台前进点动/启动按钮。

SB3：X003，工作台后退点动/启动按钮。

S2：X010，单循环/连续循环选择开关。

SQ1：X011，控制工作台前进转后退的行程开关。

SQ2：X012，控制工作台后退转前进的行程开关。

SQ3：X013，工作台后退限位保护行程开关。

SQ4：X014，工作台前进限位保护行程开关。

KM1：Y001，控制电动机正转（工作台前进）接触器。

KM2：Y002，控制电动机反转（工作台后退）接触器。

程序分为两部分：点动控制程序和自动控制程序。由跳转指令（CJ 指令）保证每次运行只执行两者之一。

自动循环控制程序中，采用传送指令控制工作台前进或后退及限位保护。8 次循环控制采用加一指令和比较指令（INC 指令和 CMP 指令）配合实现。

梯形图如图 6-52 所示。

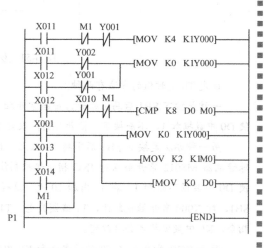

图 6-52　例 6-6 的 PLC 梯形图

例 6-7　在例 5-10 中，只编写了传送机分检大小球的半自动控制程序，下面编写完整的程序，包括初始化程序、手动控制程序、回原点初始状态程序和自动控制程序。

解：

（1）PLC 的输入点和输出点。

PLC 的输入点和输出点分配如表 6-21 所示。

表 6-21　例 6-7 PLC 输入/输出定义表

输 入 信 号			输 出 信 号		
名　称	代　号	输入点编号	名　称	代　号	输出点编号
球箱定位行程开关	|SQ1	X001	接触器（上升）	KM1	Y001
下限行程开关	SQ2	X002	接触器（下降）	KM2	Y002
上限行程开关	SQ3	X003	接触器（左移）	KM3	Y003
小球箱定位行程开关	SQ4	X004	接触器（右移）	KM4	Y004
大球箱定位行程开关	SQ5	X005	电磁阀	YV	Y005
接近开关	SQ6	X006			
选择开关	SA1-1	X010			
选择开关	SA1-2	X011			
选择开关	SA1-3	X012			
选择开关	SA1-4	X013			
选择开关	SA1-5	X014			
回原点启动按钮	SB15	X015			
全自动启动按钮	SB16	X016			
全自动停止按钮	SB17	X017			
上升点动按钮	SB20	X020			
下降点动按钮	SB21	X021			
左移点动按钮	SB22	X022			
右移点动按钮	SB23	X023			
抓球点动按钮	SB24	X024			
放球点动按钮	SB25	X025			

PLC 接线图如图 6-53 所示。

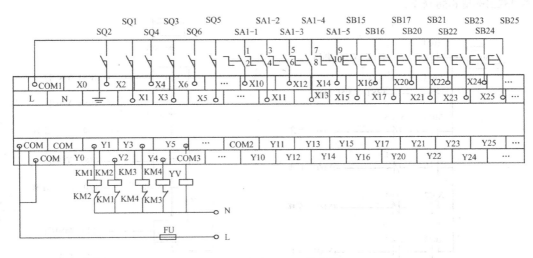

图 6-53　例 6-7 PLC 接线图

（2）初始化程序。

梯形图如图 6-54 所示。

在 M8000 常开触点闭合时，IST 指令使下列元件自动受控。

S0：手动操作初始状态。

S1：回原点初始状态。

S2：自动操作初始状态。

M8040：禁止转移特殊继电器。

M8041：转移开始特殊继电器。

M8042：启动脉冲特殊继电器。

M8047：STL 监控有效特殊继电器。

图 6-54　例 6-7 初始化程序

IST 指令除使上面几个状态继电器和特殊继电器

被驱动外，同时还指定了下面 8 个输入点闭合时的操作方式。

X010：手动操作方式。

X011：回原点操作方式。

X012：单步（点动）操作方式。

X013：单周期操作方式。

X014：自动循环操作方式。

X015：回原点启动信号。

X016：全自动启动信号。

X017：全自动停止信号。

（3）状态流程图。

① 手动操作方式初始状态。手动操作方式初始状态已被指定由状态继电器 S0 控制，其流程图如图 6-55 所示。

② 回原点初始状态。回原点也称回零，规定用状态继电器 S10～S19 控制回零动作。回零的状态流程图如图 6-56 所示。

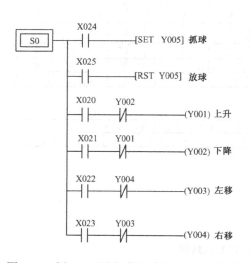

图 6-55　例 6-7 手动操作方式初始状态流程图

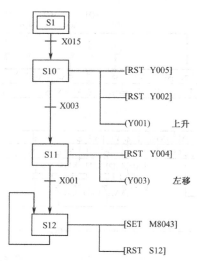

图 6-56　例 6-7 回原点初始状态流程图

③ 自动循环控制状态。状态流程图如图 6-57 所示。

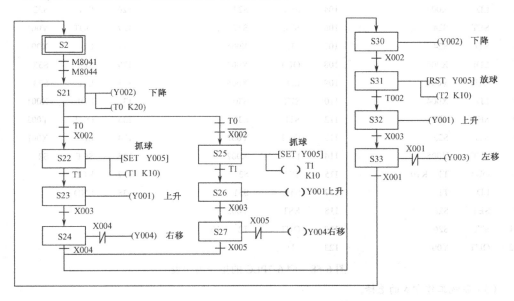

图 6-57 例 6-7 自动循环控制状态流程图

（4）指令语句表。

如果对状态流程图很熟悉，则能够直接写出指令语句表。该例指令语句表如图 6-58 所示。

0	LD	X001	27	OUT	Y003	52	RST	S12
1	AND	X003	28	LD	X023	53	RET	
2	ANI	Y005	30	ANI	Y003	54	STL	S2
3	OUT	M8044	31	OUT	Y004	55	LD	M8041
5	LD	M8000	32	RET		56	AND	M8044
6	FNC	46	33	STL	S1	57	SET	S21
		X010	34	LD	X015	59	STL	S21
		S21	35	SET	S10	60	OUT	Y002
		S23	36	STL	S10	61	OUT	T0 K20
13	STL	S0	37	RST	Y005	64	LD	T0
14	LD	X024	38	RST	Y002	65	AND	X002
15	SET	Y005	39	OUT	Y001	66	SET	S22
17	RST	Y005	40	LD	X003	68	LD	T0
18	LD	X020	41	SET	S11	69	ANI	X002
19	ANI	Y002	43	STL	S11	70	SET	S25
20	OUT	Y001	44	RST	Y004	72	STL	S22
21	LD	X021	45	OUT	Y003	73	SET	Y005
22	ANI	Y001	46	LD	X001	75	OUT	T1 K10
23	OUT	Y002	47	SET	S12	78	LD	T1
24	LD	X022	49	STL	S12	79	SET	S23
26	ANI	Y004	50	SET	M8043	81	STL	S23

82	OUT	Y001		103	LD	X003		124	SET	S32
83	LD	X003		104	SET	S27		126	STL	S32
84	SET	S24		106	STL	S27		127	OUT	Y001
86	STL	S24		107	LDI	X005		128	LD	X003
87	LDI	X004		108	OUT	Y004		129	SET	S33
88	OUT	Y004		109	LD	X005		131	STL	S33
89	LD	X004		110	SET	S30		132	LDI	X001
90	SET	S30		112	STL	S30		133	OUT	Y003
92	STL	S25		113	OUT	Y002		134	LD	X001
93	SET	Y005		114	LD	X002		135	SET	S2
95	OUT	T1 K10		115	SET	S31		137	RET	
98	LD	T1		117	STL	S31		138	END	
99	SET	S26		118	RST	Y005				
101	STL	S26		120	OUT	T2 K10				
102	OUT	Y001		123	LD	T2				

图 6-58　例 6-7PLC 的指令语句表

（5）系统工作方式的选择。

　　该控制系统编程时因用了一条初始状态指令（IST 指令），使控制程序变得很简单。控制系统采用选择开关选择五种工作状态中任何一种工作方式（如图 6-59 所示）。

　　① 选择开关拨到手动这一挡时，因 IST 指令置状态继电器 S0 为 ON。由图 6-55 可知，按下按钮 SB24，X024 闭合，"SET Y005" 指令使 Y005 接通，Y005 输出信号使电磁阀线圈得电，吸住铁球。同样，分别按下 SB25、SB20、SB21、SB22、SB23 可以分别完成放球、机械手臂上升、下降、左行或右行的动作。

　　② 选择开关拨到回原点这一挡时，因 IST 指令置状态继电器 S1 为 ON。由图 6-56 可知：当按下按钮 SB15 时，转移到状态 S10，机械手臂上升，压合行程开关 SQ3 后，由 S10 状态转移到 S11 状态，机械手臂左行，压合行程开关 SQ1 后，状态 S11 转移到状态 S12，回原点完成特殊继电器 M8043 置位，完成机械手臂回原位的动作。

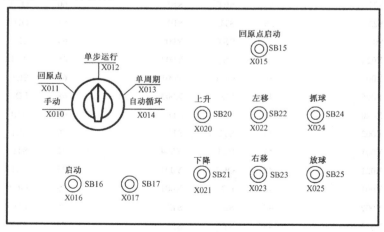

图 6-59　例 6-7 PLC 控制系统的控制开关及按钮

③ 选择开关拨到单步运行这一挡时，因 IST 指令使 M8040 接通。M8040 为禁止转移用辅助继电器，当 M8040=ON 时，禁止所有状态转移，选择开关拨到单步运行这一挡后，M8040=ON。但是，按下所需动作的启动按钮时，M8040=OFF，可以使状态按顺序转移一步。因此，每次按下所需动作的启动按钮，按图 6-55 所示状态流程图完成一步动作。

④ 当选择开关拨到单周期这一挡时，因 IST 指令使转移开始辅助继电器 M8041 仅在按启动按钮时接通（M8041=ON），然后 M8041=OFF。由图 6-57 可知，当完成一个循环工作后，由状态 S33 转移到状态 S2 时，因转移条件之一 M8041=OFF，状态 S2 因此不能再转移到状态 S21，只能完成单周期运行。

⑤ 当选择开关拨到自动循环挡时，因 IST 指令使转移开始辅助继电器 M8041 一直保持 ON，机械手臂回原点后，由图 6-54 可知，M8044=ON。因此，自动循环工作一直连续进行，流程图如图 6-57 所示。

⑥ 如果选择开关在 M8043（返回原点结束继电器）接通前，企图改变运行方式，则由于 IST 指令的作用，使所有输出被关断。

由上面分析可知，一条功能指令可完成很多动作，使控制程序变得非常简单。

6.4 功能指令实验

6.4.1 数据控制功能指令实验

1. 实验目的

（1）熟悉和掌握比较（CMP、ZCP）指令、传送指令（MOV、SMOV）的使用方法。
（2）熟悉 SWOPC-FXGP/WIN-C 编程软件的使用方法。
（3）熟悉手持式编程器的使用方法。
（4）熟悉三菱 PLC 输入、输出回路的接线。

2. 实验器材

实验器材如表 6-22 所示。

表 6-22　数据控制功能指令实验器材一览表

序　号	名　称	型　号	数　量	备　注
1	可编程控制器	FX_{2N}-40MR	1 台	
2	个人计算机		1 台	
3	手持编程器	FX-20P-E	1 台	
4	编程电缆		1 根	与 PLC 相配合
5	实验导线	$1mm^2$	若干	
6	转换开关		1 个	
7	按钮开关		4 个	
8	信号灯		5 个	AC 220V

3. 实验步骤

（1）按图 6-60 对 PLC 的输入、输出回路进行接线。

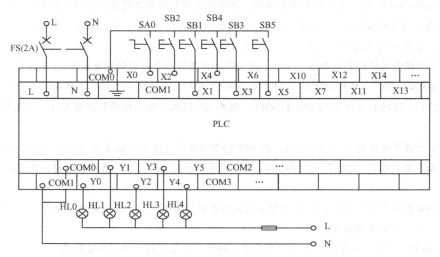

图 6-60　PLC 数据控制功能指令实验接线图

（2）用 PC 机和编程器对 PLC 输入图 6-61 所示的程序。

图 6-61　数据控制功能指令实验程序

（3）按照程序分析，当分别接通 SA0、SB1、SB2、SB3、SB4、SB5 后，数据寄存器 D0、D11 分别有何变化，Y000～Y004 的输出情况如何（即在什么情况下 Y000～Y004 有输出）。

（4）运行 PLC 的程序并在线监视程序，并做以下实验。

① 接通 SA0 后，观察 D0、D1 的状态和数据；

② 按下 SB1 后，观察 D11 的状态和数据，并观察 Y000～Y004 的状态；

③ 按下 SB2 后，观察 D11 的状态和数据，并观察 Y000～Y004 的状态；

④ 按下 SB3 后，观察 D11 的状态和数据，并观察 Y000～Y004 的状态；

⑤ 按下 SB4 后，观察 D11 的状态和数据，并观察 Y000～Y004 的状态；

⑥ 按下 SB5 后，观察 D11 的状态和数据，并观察 Y000～Y004 的状态；

⑦ 观察比较结果是否正确，将每一步实验结果填入表 6-23 中；

⑧ 重新设置 D0、D1、D11 的数据，观察输出结果是否正确。

表 6-23　数据控制功能指令实验结果

元件 D 及 Y 的状态 　　　　元件 X 的状态	D0	D11	Y000	Y001	Y002	Y003	Y004
SA0 接通（X000 为"1"）							
SB1 接通（X001 为"1"）							
SB2 接通（X002 为"1"）							
SB3 接通（X003 为"1"）							
SB4 接通（X004 为"1"）							
SB5 接通（X005 为"1"）							

6.4.2　移位功能指令实验

1．实验目的

（1）熟悉和掌握移位指令 SFTR、SFTL 的使用方法。

（2）熟悉 SWOPC-FXGP/WIN-C 编程软件的使用方法。

（3）熟悉手持式编程器的使用方法。

（4）熟悉三菱 PLC 输入、输出回路的接线。

2．实验器材

实验器材如表 6-24 所示。

表 6-24　移位功能指令实验器材一览表

序　号	名　　称	型　号	数　量	备　注
1	可编程控制器	FX$_{2N}$-40MR	1 台	
2	个人计算机		1 台	
3	手持编程器	FX-20P-E	1 台	
4	编程电缆		1 根	与 PLC 相配合
5	实验导线	1mm^2	若干	
6	转换开关		4 个	
7	信号灯		8 个	AC 220V

3．实验步骤

按图 6-62 对 PLC 的输入、输出回路接线。

（1）右移位指令 SFTR 实验。

① 利用编程器给 PLC 编写图 6-63 所示的程序。

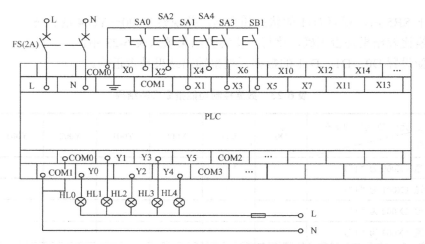

图 6-62　PLC 移位功能指令实验接线图

```
     X005
     ┤├─────────────[SFTR  X000  Y000  K4  K4]─

                                          ─[END]─
```

图 6-63　PLC 右移位指令实验梯形图之一

在按图 6-62 接线的基础上，将 SA0 接通，并依次做如下实验：

a. 按下 SB1 后，观察 PLC 输出回路中的信号灯有何变化；

b. 第二次按下 SB1 后，观察 PLC 输出回路中的信号灯有何变化；

c. 第三次按下 SB1 后，观察 PLC 输出回路中的信号灯有何变化；

d. 第四次按下 SB1 后，观察 PLC 输出回路中的信号灯有何变化。

完成以上四步实验后，将 SA0 断开，再重复以上四步的操作，分别观察 PLC 输出回路信号灯的变化情况。

将以上实验观察到的结果填入表 6-25 中。

表 6-25　PLC 右移位指令实验结果之一

输入状态 \ 输出状态				Y000	Y001	Y002	Y003
X000	X001	X002	X003	0	0	0	0
1	0	0	0				
SB1 第一次接通（"1"）							
SB1 第二次接通（"1"）							
SB1 第三次接通（"1"）							
SB1 第四次接通（"1"）							
X000	X001	X002	X003				
0	0	0	0				
SB1 第五次接通（"1"）							
SB1 第六次接通（"1"）							
SB1 第七次接通（"1"）							
SB1 第八次接通（"1"）							

② 利用编程器给 PLC 输入图 6-64 所示的程序。

a. 输入程序，检查 PLC 输入、输出接线是否正确；

b. 运行程序，合上 SA0，观察 PLC 输出回路中的信号灯有何变化，观察 PLC 的输出信号是否是按每 10s 变化一次，即以 10s 为一个脉冲，每隔一个脉冲，输出信号变化一次。

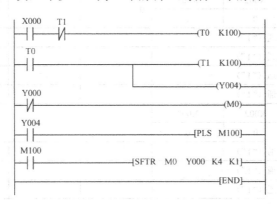

图 6-64　PLC 右移位指令实验梯形图之二

将观察到的结果写入表 6-26 中。

表 6-26　PLC 右移位指令实验结果之二

脉　　冲	Y003	Y002	Y001	Y000	脉　　冲	Y003	Y002	Y001	Y000
1	`				6				
2					7				
3					8				
4					9				
5					10				

（2）左移位指令 SFTL 实验。

① 利用编程器给 PLC 编写图 6-65 所示的程序，并按以下步骤进行实验。

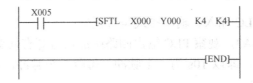

图 6-65　PLC 左移位指令实验梯形图

在按图 6-62 接线的基础上，将 SA3 接通。

a. 按下 SB1 后观察 PLC 输出回路中的信号灯有何变化；

b. 第二次按下 SB1 后观察 PLC 输出回路中的信号灯有何变化；

c. 第三次按下 SB1 后观察 PLC 输出回路中的信号灯有何变化；

d. 第四次按下 SB1 后观察 PLC 输出回路中的信号灯有何变化；

e. 完成以上四步实验后，将 SA3 断开，再重复以上四步操作，分别观察 PLC 输出回路信号灯的变化情况。

将以上实验观察到的结果填入表 6-27 中。

表 6-27 PLC 左移指令实验结果之一

输入状态 ＼ 输出状态				Y000	Y001	Y002	Y003
X000	X001	X002	X003	0	0	0	0
0	0	0	1				
SB1 第一次接通（"1"）							
SB1 第二次接通（"1"）							
SB1 第三次接通（"1"）							
SB1 第四次接通（"1"）							
X000	X001	X002	X003				
0	0	0	0				
SB1 第五次接通（"1"）							
SB1 第六次接通（"1"）							
SB1 第七次接通（"1"）							
SB1 第八次接通（"1"）							

② 利用编程器给 PLC 输入图 6-66 所示的程序。

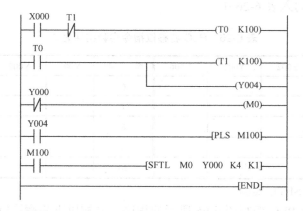

图 6-66 PLC 左移位指令实验梯形图之二

a. 输入程序，检查 PLC 输入、输出接线是否正确；

b. 运行程序，合上 SA3，观察 PLC 输出回路中的信号灯有何变化，观察 PLC 的输出信号是否按每 10s 变化一次，即以 10s 为一个脉冲，每隔一个脉冲，输出信号变化一次。将观察到的结果写入表 6-28 中。

表 6-28 PLC 左移位指令实验结果之二

脉冲	Y003	Y002	Y001	Y000	脉冲	Y003	Y002	Y001	Y000
1					6				
2					7				
3					8				
4					9				
5					10				

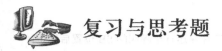 **复习与思考题**

1. 功能指令共有几大类？每一类又有多少条指令？

2. 何谓 FX 系列 PLC 的连续执行型功能指令和脉冲型功能指令?如何区别这两种形式的功能指令？

3. 何谓字元件和位元件?字元件和位元件分别如何表示 16 位数据和 32 位数据？

4. 下列所给位元件分别是由哪几个元件组合而成的？表示多少位数据？

K1X10　　K2Y20　　K3M0K4S30

K5X0K6Y10　　K7M20　　K8S20

5. 说明变址寄存器 V 和 Z 的作用。当 V=10 时，说明下列符号含义。

K20VD5V Y10V K4X5V

6. 应用跳转功能指令，设计一段既能点动控制、又能连续控制的电动机控制程序。设 X000=ON 时电动机实现点动控制，X000=OFF 时电动机实现连续运行。

7. 说明警戒时钟功能指令的功能。

8. 设计一段程序,当输入条件 X001=ON 时,依次将计数器 C0～C9 的当前值转换成 BCD 码后，传送到输出元件 K4Y0 中输出。

9. 设计一段程序，计算数据寄存器 D20 和 D30 中储存的数据相减之后的绝对值。

10. 设计一段程序，对 X010 输入的脉冲信号进行计数，当累计到 50 个脉冲信号后，使输出 Y000 接通，然后再计数 50 次后，使输出 Y000 复位。

11. 设计一段程序，改变计数器的常数设定值。设 C0 的常数设定值为 K10：当 X001=ON 时，C0 的常数设定改为 K20；当 X002=ON 时，C0 的常数设定值改为 K50。X001 和 X002 都为脉冲信号。

12. 某控制系统的输出要求如题表 6-1 所示，设计控制程序。

题表 6-1　动作要求输出表

工　步	输　　出								动作转换条件
	Y007	Y006	Y005	Y004	Y003	Y002	Y001	Y000	
1	+		+	+		+		+	T1 10s
2	+	+		+	+		+		T2 20s
3	+	+		+		+		+	T3 30s
4	+	+	+		+		+		T4 40s
5			+	+	+				T5 10s
6		+	+			+	+	+	T6 20s
7			+						T7 30s
8			+				+		T8 40s
9		+		+	+	+		+	T9 50s

13. 设计一段程序：在 X000=ON 时，经 3s 延时后，第一盏灯亮；再 3s 后，第二盏灯亮；再 3s 后，第三盏灯亮；再 3s 后，灯全熄灭，然后再循环以上动作。

14. 设计一段程序，在 X001=ON 时，电动机正转 10min，然后自动反转 10min，依次不断交替正反转工作。

15. 小车的控制要求如下：

（1）在小车所停位置 SQ 的编号大于呼叫的 SB 的编号时，小车往左运行至呼叫的 SB 位置后停止。

（2）当小车所停位置 SQ 的编号小于呼叫的 SB 的编号时，小车往右运行至呼叫的 SB 位置后停止。

（3）当小车所停位置 SQ 的编号等于呼叫的 SB 编号时，小车不动作。

小车运动的示意图如题图 6-1 所示，试编写控制程序。

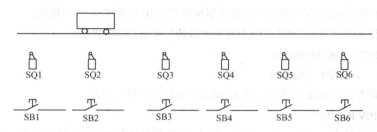

题图 6-1　小车运动示意图

16. 自动售货机采用 PLC 控制，控制要求如下：

（1）此售货机可投入 1 角、5 角或 1 元硬币。

（2）当投入的硬币总值超过 2 元时，汽水按钮指示灯亮；当投入硬币总值超过 3 元时，汽水及咖啡指示灯闪烁。

（3）当汽水按钮指示灯亮时，按汽水按钮，则汽水排出，8s 后，自动停止。这段时间内汽水指示灯闪烁。

（4）当咖啡按钮指示灯亮时，按咖啡按钮，则咖啡排出，8s 后，自动停止。这段时间内咖啡指示灯闪烁。

（5）若投入硬币总值超过按钮所需用的钱数（汽水 2 元，咖啡 3 元）时，找钱指示灯亮，并退出多余的钱。

第**7**章

可编程控制器系统设计和应用举例

任何一种电气控制系统都是在满足生产过程工艺要求的基础上，用以提高生产效率和产品质量的。如果被控制系统的输入和输出以开关量为主，且输入和输出点数较多，控制系统工艺流程比较复杂，工作环境较差，同时对控制的可靠性要求又高，就可以考虑采用PLC控制。PLC控制系统要根据PLC的工作特点进行设计。

7.1 PLC 控制系统设计原则与步骤

PLC控制系统的设计应按如下基本原则进行。

① 最大限度地满足被控对象的控制要求。设计前应深入现场进行调查研究，搜集资料，并拟定电气控制方案。

② 在满足控制要求的前提下，力求使控制系统简单、经济、实用及维护方便。

③ 保证控制系统安全可靠。

④ 考虑到生产的发展和工艺的改进，在选择PLC的容量时，应适当留有裕量。

7.1.1 PLC 控制系统设计步骤

PLC控制系统的设计过程如图7-1所示。

7.1.2 PLC 机型的选择

PLC选型的基本原则是：所选的PLC应能够满足控制系统的功能需要。

1. PLC 结构的选择

在相同功能和相同 I/O 点数的情况下，整体式PLC 比模块式 PLC 价格低。

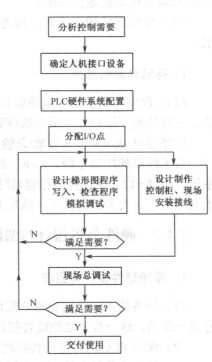

图 7-1 PLC 设计过程示意图

2．PLC 输出方式的选择

不同的负载对 PLC 的输出方式有相应的要求。继电器输出型的 PLC 可以带直流负载和交流负载；晶体管型与双向晶闸管型输出模块分别用于直流负载和交流负载。

3．I/O 响应时间的选择

PLC 的响应时间包括输入滤波时间、输出电路的延迟和扫描周期引起的时间延迟。

4．联网通信的选择

若 PLC 控制系统需要连入工厂自动化网络，则所选用的 PLC 需要有通信联网功能，即要求 PLC 应具有连接其他 PLC、上位计算机、触摸屏等接口的能力。

5．PLC 电源的选择

电源是 PLC 干扰引入的主要途径之一，因此应选择优质电源以利于提高 PLC 控制系统的可靠性。一般可选用畸变较小的稳压器或带有隔离变压器的电源，使用直流电源时要选用桥式全波整流电源。

6．I/O 点数及 I/O 接口设备的选择

（1）输入模块的输入电路应与外部传感器或电子设备（例如变频器）的输出电路的类型相配合，最好能使二者直接相连。

（2）选择模拟量模块时应考虑使用变送器，以及执行机构的量程是否能与 PLC 的模拟量输入/输出模块的量程匹配。

（3）使用旋转编码器时，应考虑 PLC 的高速计数器的功能和工作频率是否能满足要求。

7．存储容量的选择

PLC 程序存储器的容量通常以字或步为单位，用户程序存储器的容量可以做粗略的估算。一般情况下用户程序所需的存储器容量可按照如下经验公式计算：

程序容量=K×总输入点数/总输出点数

对于简单的控制系统，$K=6$；若为普通系统，$K=8$；若为较复杂系统，$K=10$；若为复杂系统，则 $K=12$。在选择内存容量时同样应留有裕量，一般是运行程序的 25%。不应单纯追求大容量，在大多数情况下，满足 I/O 点数的 PLC，内存容量也能满足。

7.1.3 硬件/软件设计与调试

1．系统硬件设计与组态

（1）给各输入、输出变量分配地址。因为梯形图中变量的地址与 PLC 的外部接线端子号是一致的，这一步为绘制硬件接线图做好了准备，也为梯形图的设计做好了准备。

（2）画出 PLC 的外部硬件接线图，以及其他电气原理图和接线图。

（3）画出操作站和控制柜面板的机械布置图和内部的机械安装图。

2．软件设计

软件设计包括设计系统的初始化程序、主程序、子程序、中断程序、故障应急措施和辅助程序等。小型开关量控制系统一般只有主程序。

3．软件的模拟调试

设计好用户程序后，一般先做模拟调试。用 PLC 的硬件来调试程序时，用接在输入端的小开关或按钮来模拟 PLC 实际的输入信号，例如用它们发出操作指令，或在适当的时候用它们来模拟实际的反馈信号（如限位开关触点的接通和断开）。通过输出模块上各输出点对应的发光二极管，观察输出信号是否满足设计的要求。

4．硬件调试与系统调试

在对程序进行模拟调试的同时，可以设计、制作控制屏，PLC 之外的其他硬件的安装、接线工作也可以同时进行。完成硬件的安装和接线后，应对硬件的功能进行检查，观察各输入点的状态变化是否能传给 PLC。在 STOP 模式用编程软件将 PLC 的输出点强制为 ON 或 OFF，观察对应的 PLC 的负载（例如外部的电磁阀和接触器）的动作是否正常。

5．整理技术文件

根据调试的最终结果整理出完整的技术文件。技术文件应包括：
（1）PLC 的外部接线图和其他电气图。
（2）PLC 的编程元件表，包括定时器、计数器的设定值等。
（3）带注释的程序和必要的总体性文字说明。

7.2　可编程控制器组成的控制系统实例

7.2.1　交通信号灯控制系统

在马路的人行横道上，安装了红、黄、绿交通信号灯。人行道上绿灯亮时，允许行人过马路，这时机动车停止行驶。红绿灯由马路两边的按钮控制，当有行人要过马路时，按下按钮，交通信号灯按图 7-2 所示顺序转换，在此过程中按钮不起作用。

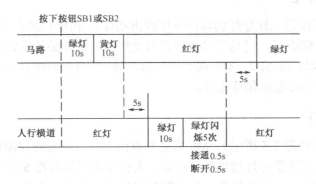

图 7-2　某交通信号灯动作顺序示意图

1. 分配 PLC 的输入点和输出点

两个启动按钮，分别安装在马路两边。行人要过马路时，按下其中任一只按钮，都能按图 7-2 所示转换，使交通信号灯转成：人行横道上绿灯亮，马路上红灯亮，然后按顺序转换。

输入点和输出点分配表如表 7-1 所示。

表 7-1　PLC 控制交通信号灯输入点和输出点分配表

输 入 信 号			输 出 信 号		
名　　称	代　　号	输入点编号	名　　称	代　　号	输出点编号
启动按钮	SB1	X000	马路上红灯	HL1	Y000
启动按钮	SB2	X001	马路上黄灯	HL2	Y001
			马路上绿灯	HL3	Y002
			人行横道红灯	HL4	Y003
			人行横道绿灯	HL5	Y004

PLC 的接线图如图 7-3 所示。

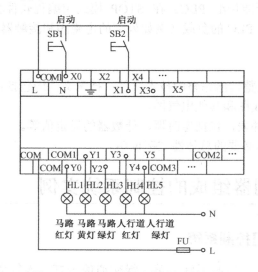

图 7-3　PLC 控制交通信号灯的接线图

2. 画出动作时序图

根据马路和人行横道上红绿灯的转换顺序画出动作时序图（如图 7-4 所示）。因行人按下启动按钮 SB1 或 SB2 后，过马路时要松开启动按钮，因此必须设置启动程序。在时序图中可以看到，按下 SB1 或 SB2，M0 线圈得电后，M0 常开触点闭合，M0 自锁。松开 SB1 或 SB2 后，M0 常开触点继续保持闭合。

3. 设计控制程序

（1）启动程序（如图 7-5 所示）。M0 常开触点闭合后，下面的控制程序才可以执行。

由图 7-2 所示的交通信号灯动作顺序可知，人行横道绿灯闪烁 5 次后熄灭，随后红灯变亮，马路上红灯继续亮 5s 后才熄灭，然后转为绿灯亮，这样，交通信号灯的一个循环周期结束。只有再次按下启动按钮 SB1 或 SB2 后，才开始下一个循环。定时器 T6 就是马路上红灯最后亮 5s 的定时器，所以在图 7-5 中，利用 T6 常闭触点控制 M0 的线圈。

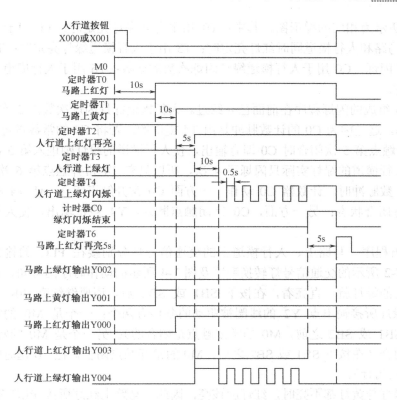

图 7-4　PLC 控制交通信号灯的时序图

图 7-5　PLC 控制交通信号灯的启动程序

（2）延时程序（如图 7-6 所示）。按下启动按钮 SB1 或 SB2 后，交通信号灯按顺序开始转换，每次变化都有固定的时间，所以利用定时器即能满足控制要求。

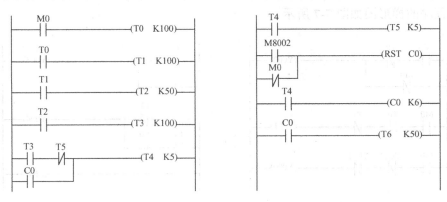

图 7-6　PLC 控制交通信号灯的延时程序

图 7-6 所示为相应的梯形图，其中：T0 用于马路绿灯亮定时；T1 用于马路黄灯亮定时；T2 用于马路和人行横道同时红灯亮定时；T3 用于人行横道绿灯亮定时；T4 和 T5 用于人行横道绿灯闪烁；C0 用于人行横道绿灯闪烁次数的计数；T6 用于人行横道和马路再次同时红灯亮定时。

T4 和 T5 组成的闪烁程序在前面已介绍过。人行横道绿灯闪烁次数为 5 次，但 C0 的常数设定值为 6。这是因为 C0 的计数脉冲是由 T4 提供的，若将 C0 的常数设定值设定为 5，则当 T4 常开触点第 5 次闭合时 C0 即有输出，使人行横道的绿灯刚进入第 5 次闪烁就立即关断，这样人行横道的绿灯实际只闪烁了 4 次，所以只有 T4 常开触点第 6 次闭合，C0 累计到第六个计数脉冲时，计数器 C0 动作。一方面 C0 常开触点闭合，使 T4 线圈得电，T4 常开触点保持闭合状态；另一方面，C0 常闭触点断开，Y4 停止输出，使人行横道绿灯关闭。

（3）输出程序。马路上、人行横道上的交通信号灯分别接在 PLC 的输出点 Y0～Y4 上，根据图 7-2 所示的交通信号灯转换顺序及图 7-4 所示的动作时序图可知，在按下启动按钮前，马路上的绿灯就一直亮着，在按下 SB1 或 SB2 后，还要继续亮 30s 才会熄灭。因此，马路上绿灯所接输出点 Y2 的线圈被驱动的条件有两个：一个是 M0 的常闭触点闭合（因在按下 SB1 或 SB2 之前，M0 的常闭触点是闭合的）；另一个是 M0 的常开触点与 T0 常闭触点均闭合（在按下 SB1 或 SB2 之后，M0 的常开触点闭合，在 T0 延时时间未到时，T0 的常闭触点闭合）。

马路上绿灯与黄灯都不亮时，红灯应该亮，因此，马路上红灯所接 PLC 输出点 Y0 线圈被驱动的条件是：M0 常开触点、Y1 与 Y2 常闭触点均闭合。

在按下 SB1 或 SB2 之前，人行横道上红灯亮；按下 SB1 或 SB2 之后，人行横道上的红灯应维持接通至 T2 的触点动作，T2 常闭触点断开，人行横道上红灯所接 PLC 输出点 Y3 线圈应该断开。另外，由于人行横道上红灯在绿灯闪烁 5 次后接通，所以用 C0 的常开触点驱动 Y3 线圈。

人行横道绿灯有连续亮 10s 和闪烁 5 次两种状态。人行横道绿灯在红灯熄灭后就要开始亮，因此，可以用 T2 的常开触点驱动 Y4 线圈。人行横道绿灯连续亮 10s 后，T3 常闭触点断开，使 Y4 线圈也断开。另外，由 T4 常开触点控制 Y4 线圈，使人行横道绿灯闪烁 5 次。所以，Y4 线圈被驱动的条件有两个：一个是 T2 常开触点与 T3 常闭触点均闭合；另外一个是 T4 常开触点与 C0 常闭触点均闭合。

输出程序的梯形图如图 7-7 所示。

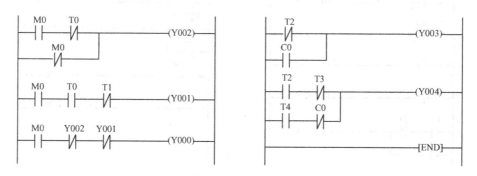

图 7-7　PLC 控制交通信号灯输出程序的梯形图

4．指令语句表（如图 7-8 所示）

0	LD	X000	23	OR	C0	46	LD	M0
1	OR	X001	24	OUT	T4	47	AND	T0
2	OR	M0			K5	48	ANI	T1
3	ANI	T6	27	LD	T4	49	OUT	Y001
4	OUT	M0	28	OUT	T5	50	LD	M0
5	LD	M0			K5	51	ANI	Y002
6	OUT	T0	31	LD	M8002	52	ANI	Y001
		K100	32	ORI	M0	53	OUT	Y000
9	LD	T0	33	RST	C0	54	LDI	T2
10	OUT	T1	34	LD	T4	55	OR	C0
		K100	35	OUT	C0	56	OUT	Y003
13	LD	T1			K6	57	LD	T2
14	OUT	T2	38	LD	C0	58	ANI	T3
		K50	39	OUT	T6	59	LD	T4
17	LD	T2			K50	60	ANI	C0
18	OUT	T3	42	LD	M0	61	ORB	
		K100	43	ANI	T0	62	OUT	Y004
21	LD	T3	44	ORI	M0	63	END	
22	ANI	T5	45	OUT	Y002			

图 7-8 PLC 控制交通信号灯的指令语句表

7.2.2 采用 PLC 对并励直流电动机进行正反转控制和反接制动控制

控制要求为：

① 并励直流电动机能实现正反转控制；

② 并励直流电动机正转启动或反转启动时，电枢电路串入启动电阻，随转速上升，逐段切除启动电阻；

③ 实现反接制动，无论并励直流电动机是正转还是反转运行状态，按下停止按钮后，都进入反接制动，电动机迅速停止运转。

并励直流电动机正反转控制和反接制动控制的主电路如图 7-9 所示。

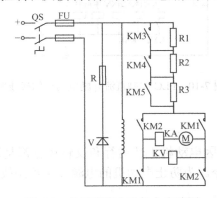

图 7-9 并励直流电动机主电路图

设接触器 KM1 控制直流电动机正转和反转时的反接制动，KM2 控制直流电动机反转和正转时的反接制动。接触器 KM5 保证制动电阻 R3 在反接制动时串联在电枢电路中，限制制动电流。直流电动机正、反转启动时，接触器 KM3 和 KM4 逐段切除启动电阻 R1和 R2，限制直流电动机启动电流，并使直流电动机有足够大的启动转矩，缩短直流电动机的启动时间。过电流继电器 KA 对电动机过载保护，欠电压继电器 KV 防止电动机反接制动结束后反向启动。

1．分配 PLC 的输入点和输出点

输入点和输出点分配表如表 7-2 所示。

表 7-2　PLC 控制直流电动机输入点和输出点分配表

输入信号			输出信号		
名　称	代　号	输入点编号	名　称	代　号	输出点编号
正转启动按钮	SB1	X001	接触器	KM1	Y001
反转启动按钮	SB2	X002	接触器	KM2	Y002
停止按钮	SB3	X003	接触器	KM3	Y003
过电流继电器	KA	X004	接触器	KM4	Y004
欠电压继电器	KV	X005	接触器	KM5	Y005

PLC 接线图如图 7-10 所示。

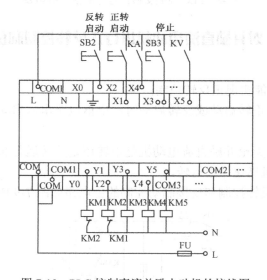

图 7-10　PLC 控制直流并励电动机的接线图

2．设计控制程序

（1）正反转控制程序。因电动机正转运行和反转运行都是连续工作状态，所以在正反转控制程序中采用 SET 指令。为防止电动机的电源发生短路故障，正反转控制应采取联锁措施。梯形图如图 7-11 所示。

（2）电枢串电阻启动控制程序。无论直流电动机是正转启动，还是反转启动，都采用

电枢串电阻的启动方法。当电动机转速上升到一定值时，切除一段电阻 R1；电动机转速继续上升到一定值时，再切除一段电阻 R2；电动机转速继续上升到额定转速，启动结束。启动过程中，电阻 R1 和 R2 的切除，采用时间控制原则。梯形图如图 7-12 所示。

图 7-12 所示梯形图中，Y005 常开触点的作用是：当电动机启动时，使电阻 R3 短接；而制动时，使电阻 R3 不被短接。

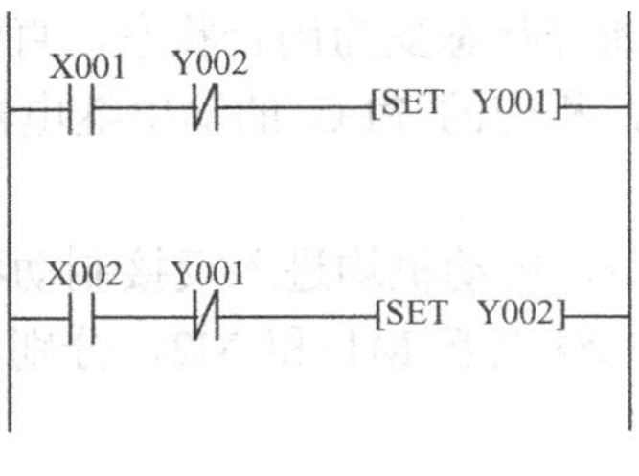

图 7-11　PLC 控制直流并励电动机 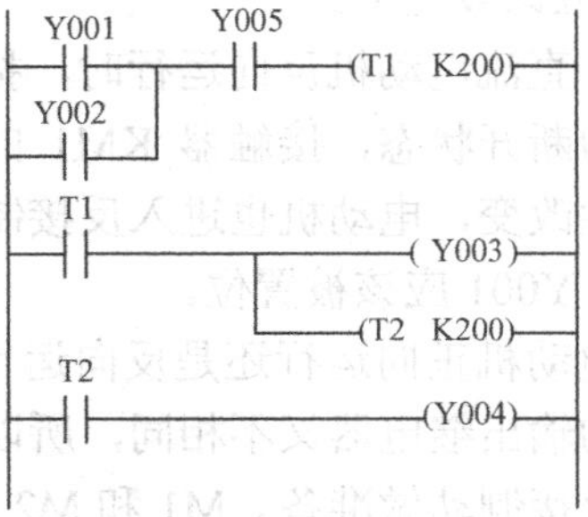　　　图 7-12　PLC 控制直流并励电动机正反转
程序电枢串电阻启动程序

（3）反接制动控制程序。梯形图如图 7-13 所示。直流电动机反接制动时，制动电流接近额定电流两倍。为限制制动电流，反接制动时，电枢电路必须串联制动电阻。由图 7-9 所示主电路可以看到，电动机反接制动时，为使电枢电路中串入电阻 R1、R2 和 R3，KM5 常开触点应断开。但在启动过程中，只需串入电阻 R1 和 R2。因此，按下启动按钮 SB1（X001）或 SB2（X002）后，其 KM5 常开触点应该闭合将电阻 R3 切除，仅保留启动电阻 R1、R2。在图 7-13 所示梯形图中，X001 常开触点闭合或 X002 常开触点闭合，"SET Y005"指令使 KM5 线圈得电，KM5 常开触点闭合，将 R3 短路。

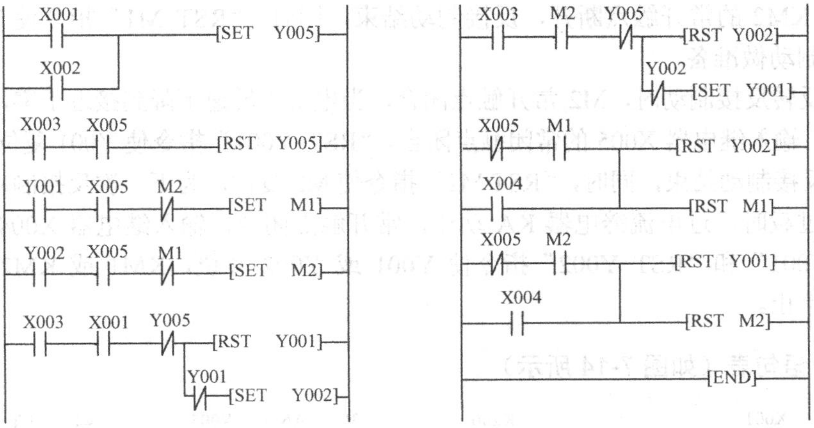

图 7-13　PLC 控制直流并励电动机反接制动程序

在图 7-10 所示图中，X005 受欠电压继电器 KV 控制。欠电压继电器的线圈与电枢绕组并联，当电动机正常运行时，电枢绕组中存在的反电势，使 KV 线圈上电压大于吸合电压，KV 的常开触点闭合，PLC 输入继电器 X005 线圈被驱动，X005 常开触点闭合，X005 常闭触点断开。因此，凡是需要在电动机正常运转时执行的程序，均由 X005 常开触点控制；需要在电动机停止运转后执行的程序，均由 X005 常闭触点控制。在图 7-13 所示梯形图中，

电动机运转时，X005 常开触点闭合，这时按下停止按钮 SB3，X003 常开触点闭合，"RST Y005"指令使 KM5 线圈失电，KM5 常开触点断开，R3 接到电路中。

直流电动机正向运行时，按下停止按钮 SB3 后，接触器 KM1 的主触点应该由闭合状态变为断开状态，接触器 KM2 的主触点应该由断开状态变为闭合状态，将直流电动机电枢电压极性改变，电动机进入反接制动状态。此时，相应的 PLC 输出继电器 Y001 应该被复位，Y002 应该被置位。

同样，直流电动机反向运行时，按下停止按钮 SB3 后，接触器 KM2 的主触点应该由闭合状态变为断开状态，接触器 KM1 的主触点应该由断开状态变为闭合状态，直流电动机电枢电压极性改变，电动机也进入反接制动状态。此时，相应的 PLC 的输出继电器 Y002 应该被复位，Y001 应该被置位。

无论电动机正向运行还是反向运行，按 SB3 之后，电动机均进入反接制动状态，而此时被置位的输出继电器又不相同，所以，采用两个辅助继电器 M1 和 M2，分别为从正转和反转进入反接制动做准备。M1 和 M2 不应同时被置位。

在图 7-13 所示梯形图中，电动机正向运行时，Y001 常开触点和 X005 常开触点都闭合，"SET M1"指令使 M1 置位，M1 常开触点闭合。这时按下停止按钮 SB3，X003 常开触点闭合，"RST Y001"指令使 Y001 置位，KM1 的主触点断开，电动机惯性转动。Y001 的常闭触点闭合，"SET Y002"指令使 Y002 置位，KM2 的主触点闭合，电动机进入反接制动。同样，电动机反向运行时，Y002 常开触点和 X005 常开触点均闭合，"SET M2"指令使 M2 置位，M2 常开触点闭合。这时按下停止按钮 SB3，X003 常开触点闭合，"RST Y002"指令使 Y002 复位，KM2 的主触点断开，电动机惯性转动。Y002 的常闭触点闭合，"SET Y001"指令使 Y001 置位，KM1 的主触点闭合，电动机进入反接制动。

电动机正转反接制动时，M1 常开触点闭合，当电动机转速下降到接近于零，反电动势很小，欠电压继电器 KV 释放，输入继电器 X005 的常闭触点闭合，"RST Y002"指令使 Y002 复位，KM2 的常开触点断开，反接制动结束，同时，"RST M1"指令使 M1 复位，为下一次反接制动做准备。

电动机反转反接制动时，M2 常开触点闭合，当电动机转速下降到接近于零，欠电压继电器 KV 释放，输入继电器 X005 的常闭触点闭合，"RST Y001"指令使 Y001 复位，KM1 常开触点断开，反接制动结束，同时，"RST M2"指令使 M2 复位，为下一次反接制动做准备。

电动机过载时，过电流继电器 KA 动作，常开触点闭合，输入继电器 X004 常开触点闭合，"RST Y001"和"RST Y002"指令使 Y001 或 Y002 复位，KM1 或 KM2 的主触点断开，电动机停止。

3. 指令语句表（如图 7-14 所示）

0	LD	X001			K200	30	AND	X005	44	SET	Y001
1	ANI	Y002	17	LD	T2	31	ANI	M1	45	LDI	X005
2	SET	Y001	18	OUT	Y004	32	SET	M2	46	AND	M1
3	LD	X002	19	LD	X001	33	LD	X003	47	OR	X004
4	ANI	Y001	20	OR	X002	34	AND	M1	48	RST	Y002
5	SET	Y002	21	SET	Y005	35	ANI	Y005	49	RST	M1
6	LD	Y001	22	LD	X003	36	RST	Y001	50	LDI	X005

图 7-14　PLC 控制直流并励电动机的指令语句表

7	OR	Y001	23	AND	X005	37	ANI	Y001	51	AND	M2
8	AND	Y005	24	RST	Y005	38	SET	Y002	52	OR	X004
9	OUT	T1	25	LD	Y001	39	LD	X003	53	RST	Y001
		K200	26	AND	X005	40	AND	M2	54	RST	M2
12	LD	T1	27	ANI	M2	41	ANI	Y005	55	END	
13	OUT	Y003	28	SET	M1	42	RST	Y002			
14	OUT	T2	29	LD	Y002	43	ANI	Y002			

图 7-14　PLC 控制直流并励电动机的指令语句表（续）

7.2.3　生产流水线小车控制

小车用电动机拖动（如图 7-15 所示）。控制要求如下所示。

① 第一次按下启动按钮 SB1 时，小车前进到 B 处停 3min 后，退回到 A 处停车。

② 第二次按下启动按钮 SB1 时，小车前进到 C 处停 5min 后，退回到 A 处停车。

③ 第三次按下启动按钮 SB1 时，小车前进到 D 处停 6min 后，退回到 A 处停车。

④ 第四次按下启动按钮 SB1 时，小车前进到 E 处停 4min 后，退回到 A 处停车。

⑤ 再次按下启动按钮 SB1 时，循环以上动作。

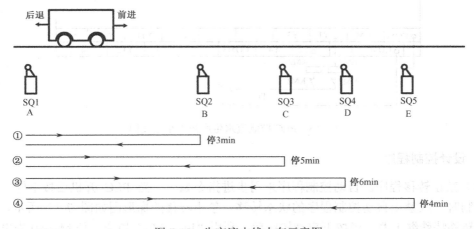

图 7-15　生产流水线小车示意图

采用 PLC 控制编写程序。

1．分配 PLC 的输入点和输出点

电动机正转时拖动小车前进，电动机反转时拖动小车后退。用开关 SA1 选择点动控制和自动控制方式。设开关 SA1 闭合时，实现点动控制。

输入点和输出点分配表如表 7-3 所示。

表7-3　PLC控制流水生产线小车输入点和输出点分配表

输 入 信 号			输 出 信 号		
名　称	代　号	输入点编号	名　称	代　号	输出点编号
选择开关	SA1	X000	接触器（前进）	KM1	Y001
启动按钮	SB1	X001	接触器（后退）	KM2	Y002
停止按钮	SB2	X002			
前进点动按钮	SB3	X003			
后退点动按钮	SB4	X004			
行程开关	SQ1	X011			
行程开关	SQ2	X012			
行程开关	SQ3	X013			
行程开关	SQ4	X014			
行程开关	SQ5	X015			

PLC接线图如图7-16所示。

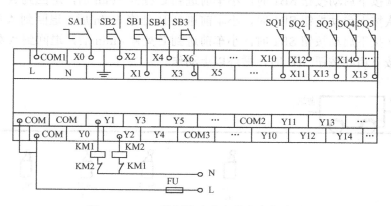

图7-16　PLC控制流水生产线小车接线图

2. 设计控制程序

（1）禁止转移程序。自动控制程序采用步进指令编程，当PLC开机后按下停止按钮或点动控制时，应禁止自动控制程序的状态转移。禁止转移的梯形图如图7-17所示。M8040为禁止转移特殊继电器。当按下启动按钮后，利用"PLS M0"指令，使M8040失电，禁止转移功能不起作用。

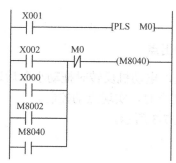

图7-17　PLC控制流水生产线小车禁止转移的梯形图

（2）点动控制程序。开关 SA1 闭合，X000 常开触点闭合，点动控制程序执行。梯形图如图 7-18 所示。

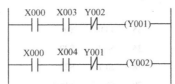

图 7-18 PLC 控制流水生产线小车点动控制的梯形图

（3）自动控制程序。状态流程图如图 7-19 所示。

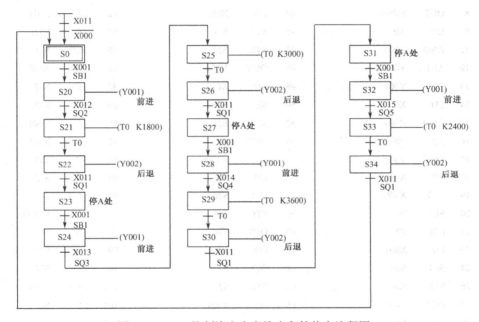

图 7-19 PLC 控制流水生产线小车的状态流程图

梯形图如图 7-20 所示。

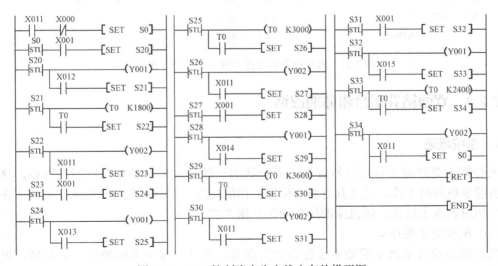

图 7-20 PLC 控制流水生产线小车的梯形图

3. 指令语句表（如图 7-21 所示）

0	LD	X001	35	LD	T0	73	STL	S29
1	PLS	M0	36	SET	S22	74	OUT	T0
3	LD	X002	38	SLT	S22			K3600
4	OR	X000	39	OUT	Y002	77	LD	T0
5	OR	M8002	40	LD	X011	78	SET	S30
6	OR	M8040	41	SET	S23	80	STL	S30
7	ANI	M0	43	STL	S23	81	OUT	Y002
8	OUT	M8040	44	LD	X001	82	LD	X011
9	LD	X0	45	SET	S24	83	SET	S31
11	AND	X003	47	STL	S24	85	STL	S31
12	ANI	Y002	48	OUT	Y001	86	LD	X001
13	OUT	Y001	49	LD	X013	87	SET	S32
14	LD	X0	50	SET	S25	89	STL	S32
15	AND	X004	52	SLT	S25	90	OUT	Y001
16	ANI	Y001	53	OUT	T0	91	LD	X015
17	OUT	Y002			K3000	92	SET	S33
18	LD	X011	56	LD	T0	94	STL	S33
19	ANI	X000	57	SET	S26	95	OUT	T0
20	SET	S0	59	STL	S26			K2400
22	STL	S0	60	OUT	Y002	98	LD	T0
23	LD	X001	61	LD	X011	99	SET	S34
24	SET	S20	62	SET	S27	101	STL	S34
26	STL	S20	64	STL	S27	102	OUT	Y002
27	OUT	Y001	65	LD	X001	103	LD	X011
28	LD	X012	66	SET	S28	104	SET	S0
29	SET	S21	68	STL	S28	106	RET	
31	SLT	S21	69	OUT	Y001	107	END	
32	OUT	T0	70	LD	X014			
		K1800	71	SET	S29			

图 7-21 PLC 控制流水生产线小车的指令语句表

7.2.4 双面钻孔组合机床的改造

1. 系统概述

组合机床是针对工件进行特定加工而设计的一种高效率自动化专用加工设备。这类设备大多能多机同时工作，并且具有自动循环工作的功能。双面钻孔组合机床主要用于在工件的两个相对表面上钻孔。该机床的结构简图如图 7-22 所示。

（1）机床的主要运动。

机床动力滑台由液压驱动系统提供进给动力，电动机拖动主轴箱的刀具主轴，提供切削主动力，工件的定位及夹紧装置由液压系统驱动。

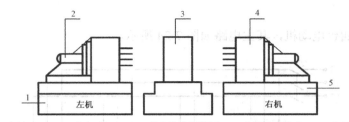

1—侧底座；2—刀具电动机；3—工件定位夹紧装置；4—主轴箱及钻头；5—动力滑台

图 7-22 某组合机床的结构示意图

机床的工作循环图如图 7-23 所示。

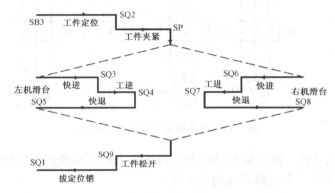

图 7-23 机床的工作循环示意图

机床工作时，工件装入定位夹紧装置，按下启动按钮 SB3，工件开始定位和夹紧，然后左、右两面的动力滑台同时进行快速进给、工进和快退的加工循环，与此同时，刀具电动机也启动工作，切削液泵在工进过程中提供切削液。加工结束后，动力滑台退回到原位，夹紧装置松开并拔出定位销，一次加工的工作循环结束。

（2）机床的拖动及控制要求。

① 机床动力滑台和工件定位、夹紧装置由液压系统驱动。电磁阀线圈 YV9 和 YV10 控制定位销液压缸活塞运动方向；YV1 和 YV2 控制夹紧液压缸活塞运动方向；YV3、YV4 和 YV7 为左机滑台油路中电磁阀换向线圈；YV5、YV6 和 YV8 为右机滑台油路中电磁阀换向线圈。

电磁阀线圈动作状态如表 7-4 所示。

表 7-4 某组合机床电磁阀线圈动作表

	YV1	YV2	YV3	YV4	YV7	YV5	YV6	YV8	YV9	YV10	转 换 指 令
工件定位									+		SB
工件夹紧	+										SQ2
滑台快进	+		+		+	+		+			SP
滑台工进	+		+			+					SQ3 SQ6
滑台快退	+			+			+				SQ4 SQ7
松开工件		+									SQ5 SQ8
拔定位销										+	SQ9
停止											SQ1
	夹紧		左机滑台			右机滑台			定位		

② 机床共有四台电动机，其主电路如图 7-24 所示。

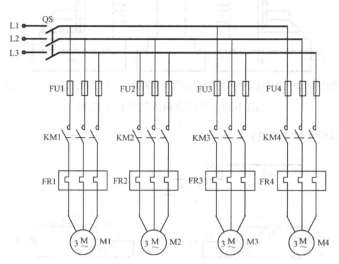

图 7-24 组合机床电气控制主电路

M1 为液压泵电动机。液压泵电动机 M1 应先启动，使系统正常供油后，其他电动机的控制电路及液压系统的控制电路才能通电工作。

M2 为左机的刀具电动机，M3 为右机的刀具电动机。刀具电动机应在滑台进给循环开始时启动运转，滑台退回原位后停止运转。

M4 为切削液泵电动机。切削液泵电动机可以手动控制启动和停止，也可以在滑台工进时自动启动，在工进结束后自动停止。

③ 要求组合机床能分别在自动和手动两种工作方式下运行。

2．PLC 输入点和输出点分配表（如表 7-5 所示）

表 7-5 某组合机床的 PLC 控制输入点和输出点分配表

输入信号			输出信号		
名　称	代　号	输入点信号	名　称	代　号	输出点编号
手动和自动选择开关	SA1	X000	工件夹紧指示灯	HL	Y000
总停按钮	SB1	X001	电磁阀	YV1	Y001
液压泵电动机启动按钮	SB2	X002	电磁阀	YV2	Y002
液压系统停止按钮	SB3	X003	电磁阀	YV3	Y003
液压系统启动按钮	SB4	X004	电磁阀	YV4	Y004
左刀电动机点动按钮	SB5	X005	电磁阀	YV5	Y005
右刀具电动机点动按钮	SB6	X006	电磁阀	YV6	Y006
夹具松开手动按钮	SB7	X007	电磁阀	YV7	Y007
左机快进点动按钮	SB8	X010	电磁阀	YV8	Y010
左机快退点动按钮	SB9	X011	电磁阀	YV9	Y011
右机快进点动按钮	SB10	X012	电磁阀	YV10	Y012

续表

输 入 信 号			输 出 信 号		
名　　称	代　号	输入点信号	名　　称	代　　号	输出点编号
右机快退点动按钮	SB11	X013	液压电动机启动接触器	KM1	Y013
松开工件定位行程开关	SQ1	X014	左机刀具电动启动接触器	KM2	Y014
工件定位行程开关	SQ2	X015	右机刀具电动启动接触器	KM3	Y015
左机滑台快进结束行程开关	SQ3	X016	切削液泵电机启动接触器	KM4	Y016
左机滑台工进结束行程开关	SQ4	X017			
左机滑台快退结束行程开关	SQ5	X020			
右机滑台快进结束行程开关	SQ6	X021			
右机滑台工进结束行程开关	SQ7	X022			
右机滑台束行程开关	SQ8	X023			
工件压紧原位行程开关	SQ9	X024			
工件夹紧压力继电器	SP	X025			

PLC 控制接线图如图 7-25 所示。

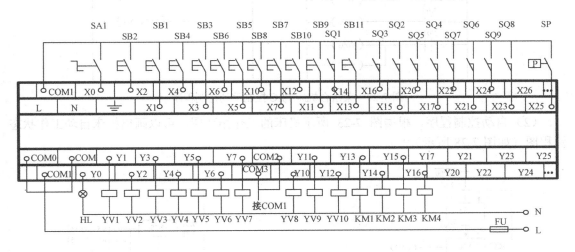

图 7-25　某组合机床 PLC 控制接线图

3．控制程序设计

双面钻孔组合机床控制要求中提出：液压泵电动机 M1 应先启动，在系统正常供油后，其他电动机和液压系统控制电动机才能启动。控制程序应满足这一要求。

组合机床有手动工作方式和自动工作方式。我们可以通过开关 SA1 选择不同的工作方式。假设 SA1 断开时，机床工作在自动工作方式下，SA1 闭合时，工作于手动工作方式下。

控制程序总框图如图 7-26 所示。

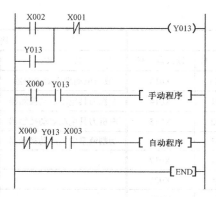

图 7-26　某组合机床 PLC 控制程序总框图

（1）手动控制程序。利用主控指令编程，梯形图如图 7-27 所示。

图 7-27　某组合机床 PLC 控制手动控制程序

（2）自动控制程序。根据图 7-23 所示机床的工作循环图，可以画出机床自动工作状态流程图（如图 7-28 所示）。

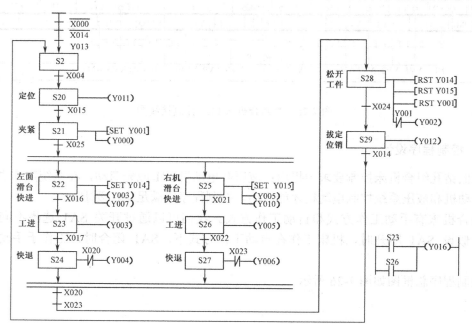

图 7-28　某组合机床 PLC 自动控制状态流程图

因为该机床没有装料机械手，由手工将工件放到夹具上，加工完毕后，人工取下工件，所以工作方式为半自动。在 PLC 开机后，进入半自动工作方式的初始状态 S2，按下启动按钮 SB4，系统进入半自动工作状态。当一个工作循环结束后，又进入 S2 初始状态，为下一次加工做准备。

组合机床自动工作控制梯形图如图 7-29 所示。

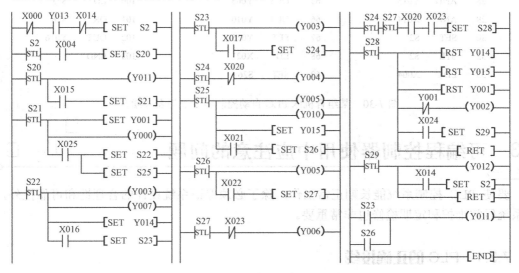

图 7-29　某组合机床 PLC 自动控制梯形图

（3）控制程序指令语句表如图 7-30 所示。

0	LD	X002	34	SET	S20	71	STL	S26
1	OR	Y013	36	SLT	S20	72	OUT	Y005
2	ANI	X001	37	OUT	Y011	73	LD	X022
3	OUT	Y013	38	LD	X015	74	SET	S27
4	LD	X000	39	SET	S21	75	STL	S27
5	AND	Y013	41	STL	S21	77	LDI	X023
6	MC	N0 M0	42	OUT	Y000	78	OUT	Y006
9	LD	X005	43	SET	Y001	79	STL	S24
10	OUT	Y014	44	LD	X025	80	STL	S27
11	LD	X006	45	SET	S22	81	LD	X020
12	OUT	Y015	47	SET	S25	82	AND	X023
13	LD	X007	49	STL	S22	83	SET	S28
14	OUT	Y002	50	OUT	Y003	85	STL	S28
15	LD	X010	51	OUT	Y007	86	RST	Y014
16	OUT	Y003	52	SET	Y014	87	RST	Y015
17	OUT	Y007	53	LD	X016	88	RST	Y001
18	LD	X011	54	SET	S23	89	LDI	Y001
19	OUT	Y004	56	STL	S23	90	OUT	Y002
20	LD	X012	57	OUT	Y003	91	LD	X024
21	OUT	Y005	58	LD	X017	92	SET	S29

图 7-30　某组合机床 PLC 自动控制指令语句表

22	OUT	Y010	59	SET	S24	94	STL	S29
23	LD	X013	61	STL	S24	95	OUT	Y012
24	OUT	Y006	62	LDI	X020	96	LD	X014
25	MCR	N0	63	OUT	Y004	97	SET	S2
27	LDI	X000	64	STL	S25	99	RET	
28	AND	Y013	65	OUT	Y005	100	LD	S23
29	ANI	X014	66	OUT	Y010	101	OR	S26
30	SET	S2	67	SET	Y015	102	OUT	Y016
32	STL	S2	68	LD	X021	103	END	
33	LD	X004	69	SET	S26			

图 7-30　某组合机床 PLC 自动控制指令语句表（续）

7.3　可编程控制器使用中应注意的问题

要使 PLC 控制系统能长期正常工作，除了必须保证系统设计的合理性和可靠性外，注意系统日常维护和定期检修也非常重要。

7.3.1　PLC 的正确接线

1．电源连接

PLC 通常采用单相交流电源。接线时，要分清楚接线端子上"N"端（零线）和"接地"端。PLC 的供电线路应与其他大功率用电设备或会产生强干扰的设备分开。采用隔离变压器是一项有益的措施，它可以减少外界设备对 PLC 的影响。PLC 的交流电源线应单独从机顶进入控制柜中，不能与其他直流信号线、模拟信号线捆在一起走线，以减少对其他线路的干扰。

2．接地线

良好的接地是保证可编程控制器可靠工作的重要条件，可以避免偶然发生的电压冲击危害。为了有效地减少干扰，应给 PLC 接专用的地线，接地点应与其他动力设备的接地点分开。若做不到这一点也必须做到 PLC 与其他设备公共接地，禁止与其他设备串联接地，更不能通过水管、避雷线接地。PLC 的基本单元必须接地。如果选用扩展单元，其接地点应与基本单元的接地点接在一起。

3．RUN 端子的接线

PLC 都带有 RUN 端子。在 RUN 端和 COM 端之间接入一个按钮或开关，可以控制 PLC 进入运行状态，执行控制程序。如果按钮或开关断开，则 PLC 停止运行。

4．紧急停止线路

在 PLC 控制系统中，应设置紧急停止线路，提供最高的安全性。紧急停止应不受 PLC 控制，图 7-31 所示为一种急停控制线路方案。

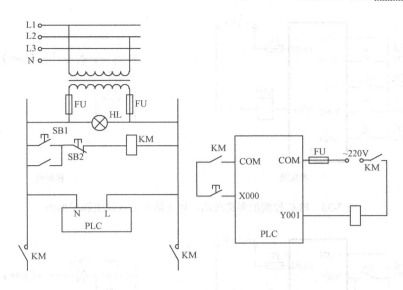

图 7-31 PLC 急停控制线路方案之一

当按下紧急停止按钮 SB2 后，KM 线圈失电，KM 主触点断开，使 PLC 的输入点和输出点断开，PLC 的所有输入和输出都被禁止，但 PLC 的 CPU 仍接通电源在工作。

5. 减少 PLC 输入点的方法

控制系统有手动和自动两种工作方式，因两种工作方式绝不可能同时进行，因此，可以把手动信号和自动信号叠加起来，按不同控制状态分成两组输入 PLC（如图 7-32 所示）。

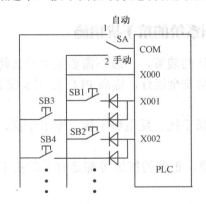

图 7-32 减少 PLC 输入点的方法示意图

X000 用来接受自动/手动信号，供自动和手动切换使用。SB1 和 SB2 是在手动工作方式时起作用的，SB3 和 SB4 是在自动工作方式时起作用的。二极管是用来切断寄生信号，避免发出错误的信号的。PLC 的一个输入点可以分别反映两个输入信号的状态，节省了 PLC 的输入点。

在多路控制的情况中，各停止按钮串联，启动按钮并联。这时，并不需要使每个停止按钮或启动按钮如图 7-33 所示那样各占一个输入点。可以采用图 7-34 所示方法，不仅可以减少占用的输入点数，还可以使梯形图更简单。

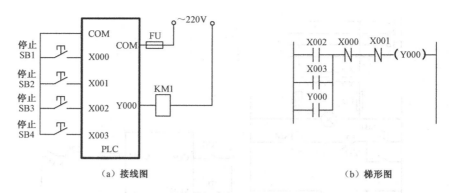

图 7-33　PLC 控制的多路启动、停止输入的接线图和梯形图

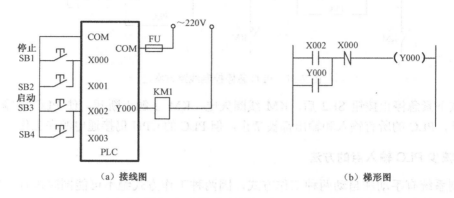

图 7-34　减少 PLC 控制的多路启动、停止输入点的接线图和梯形图

7.3.2　提高 PLC 控制系统的抗干扰措施

PLC 是专为工业环境设计的装置，一般不需要采用什么特殊措施就可以直接用于工业环境，但为了保证 PLC 的正常安全运行，提高 PLC 控制系统工作的稳定性和可靠性，一般仍需要采取抗干扰措施。

PLC 的干扰源主要有电弧干扰、反电势干扰、电子干扰、电源干扰，以及线路之间产生的干扰等。

电源回路采用隔离变压器、正确的接地等都是有效的抗干扰措施，除此之外，还可采用以下技术措施。

1. 防止输入信号受干扰的措施

当输入端有感性元件时，为了防止感应电势损坏模块，应在输入端并接 RC 吸收电路（交流输入信号）或并接续流二极管（直流输入信号），如图 7-35 所示。

2. 防止输出信号受干扰的措施

在 PLC 的输出端接有感性负载时，输出信号由 OFF 变为 ON 时会产生突变电流；从 ON 变为 OFF 时会产生反向感应电势。为防止干扰信号的影响，在靠近负载两端，并联 RC 吸收电路（交流负载）或续流二极管（直接负载），如图 7-36 所示。

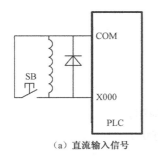

（a）直流输入信号

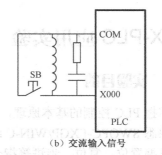

（b）交流输入信号

图 7-35　防止 PLC 输入信号受干扰的措施

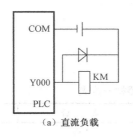

（a）直流负载

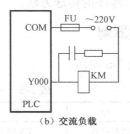

（b）交流负载

图 7-36　防止 PLC 输出信号受干扰的措施

7.3.3　PLC 的故障诊断

PLC 本身具有一定的自诊功能，从 PLC 面板上指示灯的状态可以大体判断 PLC 系统的运行情况。

（1）POWER：电源指示。当 PLC 的电源接通时，该指示灯亮。

（2）RUN：运行指示。当 PLC 基本单元的 RUN 端与 COM 端之间开关闭合或面板上 RUN 开关合上时，PLC 即处于运行状态，RUN 指示灯亮。

（3）BATT.V.：机内锂电池电压指示。如果该指示灯亮说明锂电池电压不足，应该更换。

（4）PROG.E(CPU.E)：程序出错指示。该指示灯闪烁，说明出现以下类型的错误：

① 程序语法有错。

② 锂电池电压不足。

③ 定时器或计数器未设置常数。

④ 干扰信号使程序出错。

⑤ 程序执行时间超出允许时间，这时该指示灯是连续亮。

（5）输入或输出指示：PLC 有正常输入时，对应输入点的指示灯亮；若 PLC 有输出且输出继电器动作，则对应输出点的指示灯亮。

以上是 PLC 借助诊断程序找出的故障部位或部件，但对 PLC 外部的输入元件和输出元件的故障，PLC 无法检测，故也不会因外部故障而自动停机。只有当故障扩大以致造成不良后果时才会停机。为了能在发生故障后但尚未酿成事故之前，PLC 即自动停机并报警，用指示灯指示故障发生的部位，在设计 PLC 控制程序时，应编制一些诊断程序，以对异常的逻辑关系进行报警并能及时停机。

7.4 FX-PLC 应用实验

7.4.1 实验目的

（1）掌握 PLC 控制的基本原理，各种指令的综合应用。

（2）熟悉 SWOPC-FXGP/WIN-C 编程软件的使用方法。

（3）掌握置位、复位、步进等指令的使用。

（4）了解并掌握 PLC 电梯控制原理。

（5）掌握 PLC 程序的传送方法。

7.4.2 实验器材

实验器材如表 7-6 所示。

表 7-6　PLC 应用实验器材一览表

序号	名　称	型　号	数　量	备　注
1	可编程控制器	FX2N—40MR	1 台	
2	计算机		1 台	
3	手持编程器	FX—20P—E	1 台	
4	编程电缆		1 根	与 PLC 相配合
5	试验导线	1mm^2	若干	
6	霍尔开关		4 个	
7	按钮开关		6 个	
8	信号灯		6 个	AC220V
9	数码管		1 个	

7.4.3 实验原理与实验步骤

1. 四层电梯 PLC 自动控制模拟结构如图 7-37 所示。

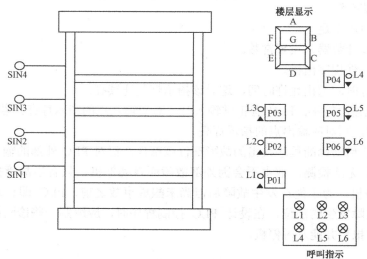

图 7-37　四层电梯控制 PLC 控制模拟示意图

2. 图中 SIN1～SIN4 为四个霍尔开关，分别接到 PLC 的四个输入点，作为控制电梯的行程开关，当电梯经过霍尔开关时，开关输出 0 信号。P01～P06 是六个呼叫按钮，用来表示一到四层的呼叫信号，L1～L6 是六个信号灯，用来指示呼叫情况（PLC 输出点不够时，可以省略），顶端的一个 LED 数码管用来显示电梯的所在位置。

3. 控制要求。

（1）电梯上升。

① 电梯停于某层，当有高层某一信号呼叫时，电梯上升到呼叫层停止。例电梯在 1 楼，4 楼呼叫，则电梯上升到 4 楼停止。

② 电梯停于某层，当有高层多个信号同时呼叫时，电梯先上升到低的呼叫层，停 5s 后继续上升到高的呼叫层。例电梯在 1 楼，2、3、4 层同时呼叫，则电梯先上升到 2 楼，停 5s 后继续上升到 3 楼，再停 5s 后继续上升到 4 楼停止。

（2）电梯下降。

① 电梯停于某层，当有低层某一信号呼叫时，电梯下降到呼叫层停止。例电梯在 4 楼，1 楼呼叫，则电梯下降到 1 楼停止。

② 电梯停于某层，当有低层多个信号同时呼叫时，电梯先下降到高的呼叫层，停 5s 后继续下降到低的呼叫层。例电梯在 4 楼，3、2、1 层同时呼叫，则电梯先下降到 3 楼，停 5s 后继续下降到 2 楼，再停 5s 后继续下降到 1 楼停止。

（3）电梯在上升过程中，任何反向的呼叫按钮均无效。

（4）电梯在下降过程中，任何反向的呼叫按钮均无效。

（5）数码管应该显示电梯的即时楼层位置。

（6）I/O 端口足够时，可以接入呼叫指示。

7.4.3　实验步骤

（1）分配 PLC 输入、输出地址，如表 7-7 所示。

表 7-7　电梯控制实验输入、输出点分配表

输入信号		输出信号			
楼层 1 霍尔开关 SIN1	X000	数码管 A	Y000	一层向上呼叫指示 L1	Y012
楼层 2 霍尔开关 SIN2	X001	数码管 B	Y001	二层向上呼叫指示 L2	Y013
楼层 3 霍尔开关 SIN3	X002	数码管 C	Y002	三层向上呼叫指示 L3	Y014
楼层 4 霍尔开关 SIN4	X003	数码管 D	Y003	四层向下呼叫指示 L4	Y015
一层向上呼叫按钮 P01	X004	数码管 E	Y004	三层向下呼叫指示 L5	Y016
二层向上呼叫按钮 P02	X005	数码管 F	Y005	二层向下呼叫指示 L6	Y017
三层向上呼叫按钮 P03	X006	数码管 G	Y006		
四层向下呼叫按钮 P04	X007	启动	Y010		
三层向下呼叫按钮 P05	X010	升/降	Y011		
二层向下呼叫按钮 P06	X011				

（2）参考第 5、6 章 PLC 实验接线图及 PLC 说明接线图，按将模拟电梯的霍尔开关、楼层呼叫按钮接入 PLC 的输入回路、信号灯及数码管接入 PLC 输出回路。

（3）将图 7-38 所示的程序编写好后传入 PLC，运行程序。

（4）按实验中控制要求模拟各种输入信号的变化，观察 PLC 的输出是否与控制要求一致。

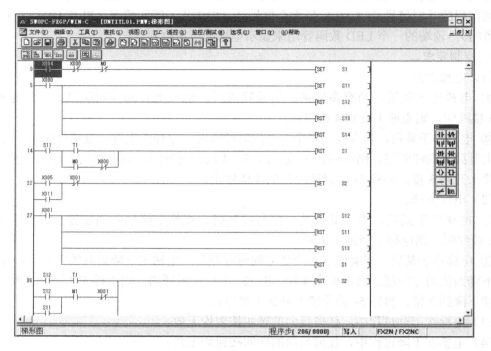

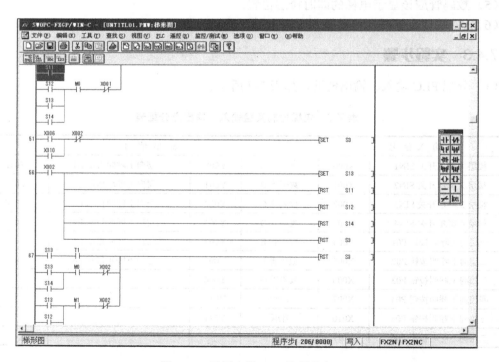

图 7-38　四层电梯 PLC 控制程序

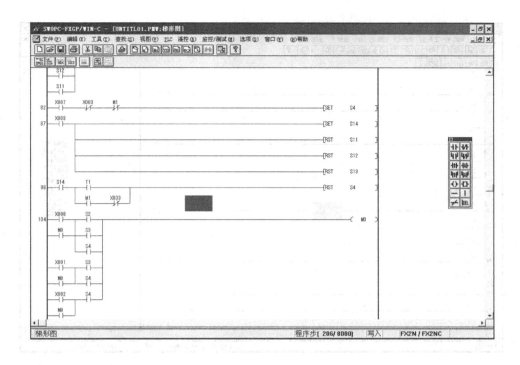

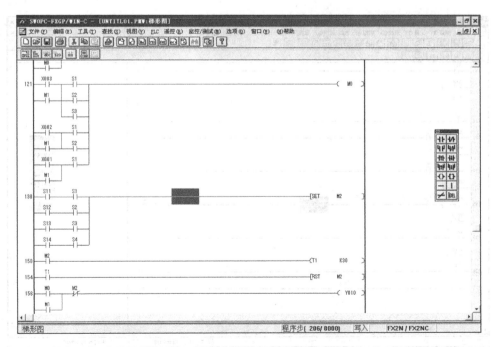

图 7-38　四层电梯 PLC 控制程序（续）

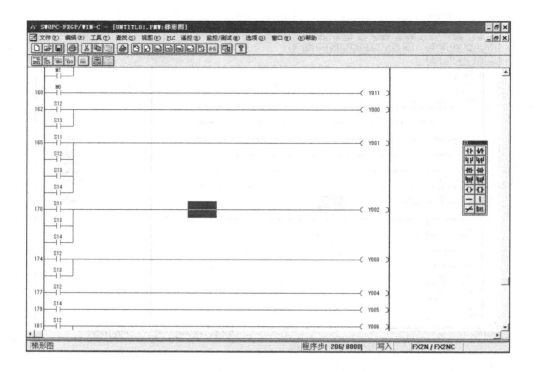

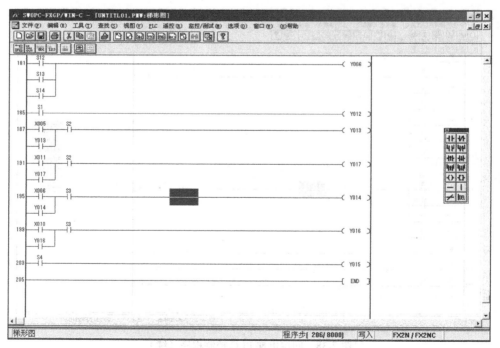

图 7-38　四层电梯 PLC 控制程序（续）

![复习与思考题]

1. 可编程控制器系统的设计一般分为几步？

2. 设计控制程序时，如何减少 PLC 的输入点？

3. PLC 控制系统抗干扰的措施有哪几种？

4. PLC 的 X0、X1、X2、X3、X4 五个输入端接输入信号，指示灯接 Y1 输出端，控制要求为：X0～X3 四个输入端中，如果两个输入端同时有输入信号，Y1 均有输出；当 X4 闭合时，Y1 被封锁输出。试设计控制程序。

5. 有三台电动机，控制要求为：M1 启动后，经 10min 延时后，M2 才能启动；M2 启动后，经 8min 延时，M3 才能启动；按下停止按钮，M3 停止；经 10min 延时，M2 才能停止；M2 停止后，经 5min 延时，M1 才能停止。试设计控制程序，并写出指令语句表。

6. 现要求采用 PLC 对三相异步电动机进行单向启动能耗制动控制，试设计控制程序。

7. 有四台三相异步电动机，要求每隔 10min 依次启动一台；每台电动机运行 8h 后自动停止；运行中可随时将四台电动机停机。试设计控制程序。

8. 三相异步电动机能实现正反转控制，无论正转运行，还是反转运行都能实现反接制动，其控制线路如题图 7-1 所示。现要求采用 PLC 对该电动机进行控制，试设计控制程序。

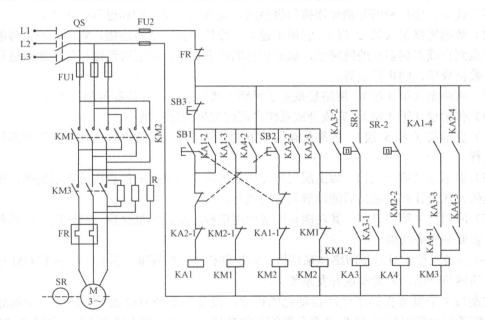

题图 7-1 控制线路图

第8章

可编程控制器的网络通信技术与应用简述

计算机网络是计算机技术与通信技术相结合的产物，为实现开放系统互联所建立的分层模型，目的是为各种计算机互联提供一个共同的基础和框架，并为保证相关标准的一致性和兼容性提供参考标准。国际标准化组织（ISO）于 1984 年正式颁布了 OSI（开放系统互联）参考模型的网络体系结构标准。该模型自上而下分成 7 层，分别是应用层、表示层、会话层、传送层、网络层、数据链路层、物理层，简要介绍如下。

（1）物理层（第 1 层） 它提供有关同步和比特流在物理媒体上的传输手段。物理层提供了用于建立、保持和断开物理连接的机械的、电气的、功能的和过程的条件。

（2）数据链路层（第 2 层） 它用于建立、维持和拆除链路连接，实现无差错传输的功能。在点到点或点到多点的链路上，保证信息的可靠传递。该层对连接相邻的通路进行差错控制、数据成核、同步控制等。

（3）网络层（第 3 层） 网络层规定了网络连接的建立、维持和拆除的协议。

（4）传输层（第 4 层） 完成开放系统之间的数据传送控制。

（5）会话层（第 5 层） 依靠传输层以下的通信功能，使数据传送功能在开放系统间有效地进行。

（6）表示层（第 6 层） 为上层用户提供共同需要的数据或信息语法表示变换，使采用不同编码方式的计算机通信后能理解双方的数据。

（7）应用层（第 7 层） 其功能是实现应用进程之间的信息交换，同时还有一系列业务处理所需要的服务功能。

OSI 参考模型本身只是网络体系结构，每层都有相应的标准。只有严格按照 OSI 标准协议制造的网络产品，才能实现开发系统互联。

控制技术的发展提高了生产自动化的程度，设备和系统的控制需要较大的空间分布，控制系统的这种发展要求 PLC 具有分散控制的功能，因此远程连接和通信功能成为 PLC 的基本性能之一。PLC 及其网络被公认为现代工业自动化三大支柱（PLC、机器人、CAD/CAM）之一。从近年的统计数据看，在世界范围内，PLC 产品的产量、销售、用量高居各种工业控制装置首位，而且市场需求量一直在逐年大幅上升。其原因有：一方面 PLC 对于现场的高可靠性适合于工业领域的应用，另一方面这种需要也促进了 PLC 的发展，各 PLC 生产企业纷纷开发具有更强扩展能力的产品，并增强其网络的连接能力。以往的 PLC 存在着以下缺点：内部总线不对用户公开，产品很少兼容，通信口及通信协议也不对用户透明等。近年来，为了统一产品规范，国际电工委员会（IEC）从编程语言、电气结构、总线规范到通信协议等诸多方面加强了产品兼容性的管理，但因涉及多方面的原因，此类工作仍然继续在开展。目前，解决办法有两个：设计一个标准通信接口模块，物理层一般为 RS-232C 或 RS-485 特性的模块，智能型的内部往往带有微处理器，并专门配有一个应用软件，来完成 PLC 内部总线与外部设备和产品的通信协调工作。另一个办法是以现场总线（Fieldbus）为标准，开发新的链接模块或接口装置。

PLC 网络经过多年的发展，已成为具有 3、4 级子网的多级分布式网络，加上配置工具软件，使它成为具有工艺流程显示、动态画面显示，趋势图生成显示、各类报表制作的多功能系统。

8.1 PLC 网络的拓扑结构及其各级子网通信协议配置的原则

8.1.1 生产金字塔结构与工厂计算机控制系统模型

PLC 生产企业常用生产金字塔（Productivity Pyramid，缩写为 PP）结构来描述它们的产品所提供的功能。如图 8-1 所示，列举了具有代表性的两个企业的生产金字塔，其中图 8-1（a）所示为美国 AB 公司的生产金字塔，图 8-1（b）为德国西门子公司的生产金字塔。尽管这些生产金字塔结构层数不同，各层功能有所差异，但它们都表明 PLC 及其网络在工厂自动化系统中，由上到下，在各层都发挥着作用。这些金字塔的共同特点是上层负责生产管理，底层负责现场控制与检测，中间层负责生产过程的监控及优化。

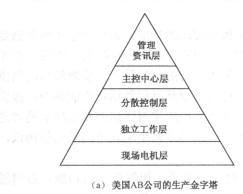

（a）美国AB公司的生产金字塔　　　　　　（b）德国西门子公司的生产金字塔

图 8-1　生产金字塔结构示意图

美国国家标准局曾为工厂计算机控制系统提出过一个如图 8-2 所示的 NBS 模型，它分为 6 级，并规定了每一级应当实现的功能，这一模型获得了国际广泛的承认。

Corporate	公司级
Plant	工厂级
Area	区间级
Cell/Supervisory	单元/监控级
Equipment	设备级
Devive	装置级

图 8-2　NBS 模型

国际标准化组织（ISO）对企业自动化系统的建模进行了一系列研究，也提出了一个 6
级模型，如图 8-3 所示。它的第 1 级为参数检测与执行器驱动，第 2 级为设备控制，第 3 级
为过程控制与监督，第 4 级为车间在线作业管理，第 5 级为企业短期生产计划与业务经营，
第 6 级为企业长期经营决策规划。它与 NBS 模型各级内涵比较，高层内涵有所区别，但本
质上是相同的。

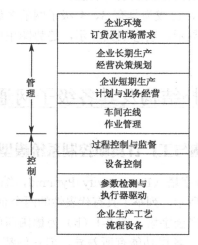

图 8-3　ISO 企业自动化系统模型

8.1.2　PLC 网络的拓扑结构

PLC 要提供金字塔功能或者说要实现 NBS/ISO 模型要求的功能，采用单层子网显然是
不行的。因为不同层所实现的功能不同，所承担的任务不同，导致它们对通信的要求也不
同。在上层所传送的主要是管理信息，通信报文长，每次传送的信息量大，要求通信的范围
也比较广，但对通信实时性的要求不高。而在底层传送的主要是过程数据及控制命令，报文
短，每次通信量小，但对实时性及可靠性的要求却比较高，中间层对通信的要求居于两者之
间。采用多级通信子网，构成复合型拓扑结构，在不同级别的子网中配置不同的通信协议，
才能满足各层对通信要求的差异。

PLC 网络的分级与生产金字塔的分层不是一一对应的关系，相邻几层的功能，若对通
信要求相近，则可合并，由一级子网实现。采用多级复合结构不仅使通信具有适应性，而且
具有良好的可扩展性，用户可以根据实际情况，从单台 PLC 到网络，从低层向高层逐步扩
展。下面列举 AB 公司的典型 PLC 网络和西门子公司的 PLC 网络。

1. AB 公司的 PLC 网络

AB 公司是美国最大的 PLC 制造商。如图 8-4 所示为 AB 公司的 PLC 网络。

它采用的是 3 级总线复合型拓扑结构。最低一级为远程 I/O 系统，负责采集现场信息，
驱动执行器，在远程 I/O 系统中配置周期 I/O 通信机制。中间一级为高速数据通道 DH＋
（或 DH，DHID），它负责过程监控，在高速数据通道中，配置令牌总线通信协议。最高一
级可选用 Ethernet（以太网）或者 MAP 网，这一级负责生产管理。在 Ethernet 中配置以太
网协议，在 MAP 网中配置 MAP 规约。

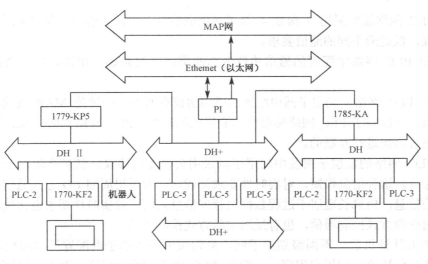

图 8-4　AB 公司的 PLC 网络

2. 西门子公司的 PLC 网络

西门子公司是欧洲最大的 PLC 制造商。如图 8-5 所示为西门子公司的 S7 系列 PLC 网络。它采用 3 级总线复合型结构，最低层为远程 I/O 链路，负责与现场设备通信，在远程 I/O 链路中配置周期 I/C3 通信机制。中间级为 PROFIBUS 现场总线或主从式多点链路。前者是一种基于现场总线，可承担现场、控制、监控三级的通信，采用令牌方式与主从轮询方式相结合的存取控制方式；后者为一种主从式总线，采用主从轮询式通信。最高一层为工业以太网，它负责传送生产管理信息。在工业以太网通信协议的下层中配置以 802.3 为核心的以太网协议，在上层向用户提供 TF 接口，实现 AP 协议与 MMS 协议。

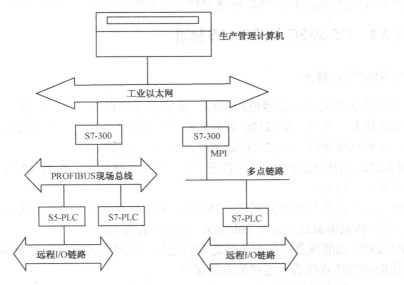

图 8-5　AB 公司的 PLC 网络

8.1.3　PLC 网络的各级子网通信协议配置的规律

通过典型 PLC 网络的介绍可以看到，PLC 网络各级子网通信协议的配置规律如下。

（1）PLC 网络通常采用 3 级或 4 级子网构成的复合型拓扑结构，各级子网中配置不同的通信协议，以适应不同的通信要求。

（2）在 PLC 网络中配置的通信协议分为两类：一类是通用协议，另一类是公司专用协议。

（3）在 PLC 网络的高层子网中配置的通用协议有两种：一种是 MAP 规约，另一种是以太网协议。这反映了 PLC 网络标准化与通用化的趋势。PLC 网络互联、PLC 网络与其他局域网是通过高层进行互联的。

（4）PLC 网络的低层子网及中间层子网采用公司专用协议。其最高层由于传递过程数据及控制命令，这种信息很短，对实时性要求又较高，常采用周期 I/O 方式通信；中间层负责传送监控信息，信息长度居于过程数据及管理信息之间，对实时性要求也比较高，其通信协议常采用令牌方式控制通信，也有采用主从方式控制通信。

（5）个人计算机加入不同级别的子网，必须按所联入的子网配置通信模板，并按该级子网配置的通信协议编制用户程序，一般在 PLC 中不需编制程序。对于协议比较复杂的子网，可购置企业供应的通信软件装入个人计算机中，将使用户通信程序编制简单。

（6）PLC 网络低层子网对实时性要求较高，只有物理层、链路层及应用层；而高层子网传送管理信息，与普通网络性质接近，又要考虑异种网互联，因此高层子网的通信协议大多为 7 层。

8.2　PLC 网络中常用的通信方法

在 PLC 及其网络中，存在两类通信：一类是并行通信，另一类是串行通信。并行通信一般发生在 PLC 的内部，它指的是多台处理器之间的通信，以及 PLC 中 CPU 单元与智能模块的 CPU 之间的通信。PLC 网络中使用的是串行通信。

8.2.1　RS-232C 与 RS-485 标准

1. RS-232C 标准

通信的连接接口与连接电缆的相互兼容是通信得以保证的前提。它的实现方法发展迅速，形式较多。其中，RS-232C 就是实际应用较多的标准之一。它是计算机或终端与调制解调器之间的标准接口。RS-232C 规范包括以下几方面内容。

RS-232C 的机械规范定义内容是 25 针插头，螺钉中心距为 47.04±0.13mm 宽，对其他尺寸也都作了规定。

RS-232C 的电气规范是用比－3V 低的负电压表示逻辑 0，用比+3V 高的正电压表示逻辑 1。数据传输率最高允许为 20kbit/s，电缆最长为 15m。

RS-232C 功能规范定义了电路之间的连接，以及它的含义。如图 8-6 所示为两台计算机都使用 RS-232C 直接进行连接的典型接线。

RS-232C 的规程规范定义的是协议，即事件出现的正确顺序。RS-232C 的缺点是数据传输率低，传输距离短，为此出现了一些改进标准，如 RS-499、RS-422A/423A 等标准，请参考其他技术手册。

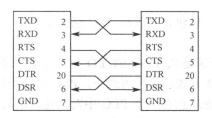

图 8-6 两个 RS-232C 数据终端设备的连接示意图

2. RS-485 标准

在许多工业环境中，要求用最少的信号连线来完成通信任务。目前广泛应用的是 RS-485 串行接口总线。RS-485 支持半双工通信，分时使用一对双绞信号线进行发送或接收。在点对点的远程通信时，它们的电路连接如图 8-7 所示。RS-485 用于多站互联时实现简单，节省材料，可以满足高速远距离传送，构成分布式网络控制系统十分方便。

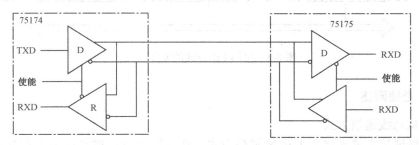

图 8-7 RS-485 点到点互联示意图

8.2.2 PLC 网络中常用的通信方式

1. PLC 控制网络的周期 I/O 方式通信

PLC 的远程 I/O 链路就是一种 PLC 控制网络，在远程 I/O 链路中采用周期 I/O 方式交换数据。远程 I/O 链路按主从式工作，PLC 带的远程 I/O 主单元在远程 I/O 链路中担任主站，其他远程 I/O 单元皆为从站。主站中负责通信的处理器采用周期扫描方式，按顺序与从站交换数据，周而复始，使主站中设立的远程 I/O 缓冲区中的数据得到周期性的刷新。

在主站中，PLC 的 CPU 单元负责用户程序的扫描，它按照循环扫描方式进行处理，每个周期中都对本地 I/O 单元及远程 I/O 缓冲区进行读写操作。PLC 的 CPU 单元对用户程序的周期性循环扫描，与 PLC 负责通信的处理器对远程 I/O 单元的周期性扫描是异步进行的。这种通信方式要占用 PLC 的 I/O 区，因此只适用于少量数据的通信。从操作看，远程 I/O 链路的通信方式简单、方便。

2. PLC 控制网络的全局 I/O 方式通信

全局 I/O 方式是一种串行共享存储区通信方式，它主要用于带有链接区的 PLC 之间通信。全局 I/O 方式的通信原理如图 8-8 所示。在 PLC 网络的每台 PLC 的 I/O 区中各划出一块作为链接区，占用相同的地址段，一个为发送区，其他都是接收区。采用广播式通信，完成等值化过程。通过等值化通信使得 PLC 网络中的每台 PLC 链接区中的数据是相同的，它既包含着自己送出去的数据，也包含着其他 PLC 送来的数据，存储区成为各 PLC 交换数据的中介。

全局 I/O 方式中的链接区是从 PLC 的 I/O 区划分出来的，经过等值化通信变成所有 PLC 共享，因此称为全局 I/O 方式。这种方式下，PLC 直接用读写指令对链接区进行读写操作，简单、方便、快捷，但应注意在一台 PLC 中对某地址的写操作在其他 PLC 中对同一地址只能进行读操作。与周期 I/O 方式一样，全局 I/O 方式也占用 PLC 的 I/O 区，因而只适用于少量数据的通信。

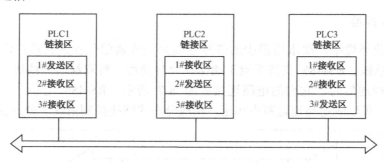

图 8-8　全局 I/O 方式的通信原理

3. PLC 通信网络

（1）主从总线通信方式

主从总线通信方式又称为 1 对 N 通信方式。在总线结构的 PLC 子网上有 N 个站，其中只有 1 个主站，其他都是从站。

主从总线通信方式采用集中式存储控制技术分配总线使用权，通常采用配置在主机的、按从机号排列顺序的轮询表对从站进行轮询，判断从机是否要使用总线，从而达到分配总线使用权的目的。

存取控制只解决了使用总线的使用权，获得总线的从站还需考虑数据传送的方式。主从总线通信方式中有两种基本的数据传送方式：一是只允许主从通信，若需要从从交换数据，必须经主站中转；二是既允许主从通信，也允许从从通信，从站获得总线使用权后先处理主从通信，然后再处理从从通信。

（2）令牌总线通信方式

令牌总线通信方式又称为 N 对 N 通信方式。在总线结构的 PLC 子网上有 N 个站，它们的主站与从站没有严格区分。N 对 N 通信方式采用令牌总线存取控制技术。在物理总线上组成一个逻辑环，让一个令牌在逻辑环按一定方向依次移动，获得令牌的站就取得了总线使用权，并且该方式限定了每个站的持有时间和提供优先级服务。因此令牌总线存取控制方式具有较好的实时性。

取得令牌的站采用的数据传送方式有以下几种。

① 无应答数据传送方式，取得令牌的站可以立即向目的站发送数据，发送结束命令，通信过程完成。

② 有应答数据传送方式，取得令牌的站向目的站发送数据后，需要等待目的站获得令牌并把应答帧给发送站后，整个通信过程才结束，该方式增加了响应时间。

以上两种方式可以根据具体情况，由用户选择。

（3）浮动主站通信方式

浮动主站通信方式又称为 N 对 M 通信方式，它适用于总线结构的 PLC 网络。设在总线上有 M 个站，其中 N 个为主站，其余为从站（NGM），故称为 N 对 M 通信方式。N 对 M 通信方式采用令牌总线与主从总线相结合的存取控制技术。具体实现步骤如下。

首先把 N 个主站组成逻辑环，通过令牌控制方式，在 N 个主站之间分配总线使用权；然后获得总线使用权的主站再按照主从通信方式来确定与其他主站或从站的通信顺序，获得令牌的主站对于随机产生的通信任务可按优先级安排在轮询之前或之后进行。获得总线使用权的主站可以采用多站数据传送方式与目的站通信，其中以无应答无连接方式最快。

以上是 PLC 通信网络的常见形式，另外还有一些有少量 PLC 网络采用其他通信方式，如令牌环通信方式等，此处不再细述，请参考其他技术资料。

4. CSMA/CD 通信方式

CSMA/CD 是一种随机通信方式，适用于总线结构的 PLC 网络，总线上各站没有主从之分。采用该方式的发送站，一边发送，一边监听，若发现冲突，立即停止发送，并发出阻塞信息，通知网上其他站，然后经处理算法决定重新上网时间，解决冲突。

CSMA/CD 通信方式采用随机方式，控制简单，通信资源利用率高，因此适合于上层生产管理子网。

CSMA/CD 通信方式的数据传送方式可以选用有连接、无连接、有应答、无应答及广播通信等方式，选取原则主要考虑通信速度及可靠性等因素。

以上介绍了 PLC 网络常用的通信方式，目前常常把多种通信方式集成配置在某一级子网上，这是今后技术发展的趋势。

8.3　现场总线和 PROFIBUS 现场总线

8.3.1　现场总线概述

现场总线是计算机网络适应工业现场环境的产物。现场总线在现场设备之间实现双向串行多节点数字通信，被称为开放式、数字化、多点通信的低层控制网络和全分布式现场控制系统。现场总线虽然设计成为开放系统，但其网络结构并不需要保持与 OSI 系统完全一致，这是因为：

① 面向控制的信息通常是十分有限的，当要求这种信息必须快速而可靠地到达目的地时，七层模式使数据转换远远慢于实时操作要求。

② 与 OSI 系统有关的网络接口的造价对现场总线系统来说太高。

③ 现场总线设备并不需要 OSI 地址。

现场总线可采用低成本的桥连接器，路由器和网间连接器等实现与其他开放式系统的连接。

因此，现场总线采用了 OSI 模型结构中的三个典型层——物理层、数据链路层和应用层。流量控制和差错控制在数据链路层中执行，报文的可靠传输在数据链路层或应用层中执行。省去中间 3～6 层，考虑现场总线的通信特点，设置一个现场总线访问子层。这种网络结构具有结构简单、执行协议直观、价格低廉等优点。典型现场总线体系结构模型如图 8-9

所示。因此现场总线是一种具有简化网络结构的开放式的实时系统，它依靠一种有效的串行数字通信链路来实现。

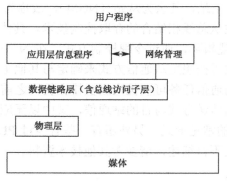

图 8-9　典型现场总线体系结构模型

总之，开放系统互联模型是现场总线技术的基础。现场总线参考模型要遵循开放系统集成的原则，又要充分兼顾控制应用的特点和特殊要求。20 世纪 80 年代末逐渐形成了几种有影响的现场总线技术，它们大都以 OSI 为框架并结合实际需要形成标准，其中现场总线的代表有德国的 PROFIBUS，美国的 Lon works，CAN、基金会以及法国的 FIP 等。

本书主要介绍 PROFIBUS 现场总线以及通过 PROFIBUS 实现 PLC 网络的相关内容，以了解基于现场总线的 PLC 网络系统的构成。

8.3.2　PROFIBUS 的协议概要

PROFIBUS 是 Process Fieldbus 的缩写，是一种典型的工业现场总线，PROFIBUS 已经广泛应用于加工制造、过程和楼宇自动化等诸多领域，是成熟技术。 PROFIBUS 定义了各种数据设备连接的串行现场总线的技术和功能特性，这些数据设备可以从低层（如传感器、执行器层）到中间层（如车间层）广泛分布。PROFIBUS 连接的系统由主站和从站组成。主站能控制总线，当主站得到总线控制权时可以主动发送信息。从站为简单的外部设备，典型的从站为传感器、执行器及变速器，它们没有总线控制权。仅对接收到的信息给予回答，或当主站发出请求时回送给主站相应的信息。

1. PROFIBUS 的组成

PROFIBUS 协议由一系列互相兼容的模块组成，根据其应用范围主要有三种模块：PROFIBUS-FMS、PROFIBUS-PA 和 PROFIBUS-DP，所有协议能在同一条总线上混合操作。

（1）PROFIBUS-DP（Decentralized Periphery-分布 I/O 系统）是一种高速和便宜的通信连接。它专门设计为自动控制系统和设备级分散的 I/O 之间进行通信使用。使用 PROFIBUS-DP 模块可取代 24V 或 4～20mA 的串联式信号传输。直接数据链路映象（DDLM）提供的用户接口，使得对数据链路层的存取变得简单方便，传输可使用 RS-485 传输技术或光纤媒体。

（2）PROFIBUS-FMS（Fieldbus Message Specification——现场总线信息规范）用来解决车间级通用性通信任务，与 LLI（Lower Layer Interface）构成应用层。FMS 包括了应用协议，并向用户提供了可广泛选用的强有力的通信服务。LLI 协调了不同的通信关系，并向 FMS 提供不依赖设备访问数据链路层，PROFIBUS-FMS 可使用一 RS-485 和光纤传感技术。

（3）PROFIBUS-PA（Process Automation——过程自动化）是专为过程自动化而设计

的。它可使传感器和执行器接在一根共用的总线上，可应用于本征安全领域。根据 IEC61158-2 国际标准，PROFIBUS-PA 可用观电缆总线供电技术进行数据通信。数据传输采用扩展的 PROFIBUS-DP 协议和描述现场设备的 PA 行规。使用电缆耦合器，PROFIBUS-PA 装置能很方便地连接到 PROFIBUS-DP 网络上。

与其他现场总线系统相比，PROFIBUS 的最重要优点是它的普遍性。它包括了加工制造、生产过程和楼宇自动化等广泛应用领域，并可同时实现集中控制、分散控制和混合控制三种方式。

2. PROFIBUS 协议的结构

PROFIBUS 协议结构是根据 ISO 7498 国际标准，以开放系统互联（Open System Interconnection，缩写为 OSI）网络作为参考模型的。具体协议结构如下。

（1）PROFIBUS-DP 定义了第一、二层和用户接口，第三到七层未加描述。用户接口规定了用户及系统以及不同设备可调用的应用功能，并详细说明了各种不同 PROFIBUS-DP 设备的设备行为。

（2）PROFIBUS-FMS 定义了第一、二、七层，应用层包括现场总线信息规范（Fieldbus Message Specification，缩写为 FMS）和低层接口（Lower Layer Interface，缩写为 LLI）。FMS 包括了应用协议并向用户提供了可广泛选用的强有力的通信服务。LLI 协调了不同的通信关系，并提供不依赖设备的第二层访问接口。

（3）PROFIBUS-PA PA 的数据传输采用扩展的 PROFIBUS-DP 协议。另外，PA 还描述了现场设备行为的 PA 行规。根据 IEC1158-2 标准，PA 的传输技术可确保其本征安全性，而且可通过总线给现场设备供电。使用连接器，可在 DP 上扩展 PA 网络。

3. PROFIBUS 传输技术

PROFIBUS 提供了三种数据传输类型。

（1）用于 DP 和 FMS 的 RS-485 传输

由于 DP 与 FMS 系统使用了同样的传输技术和统一的总线访问协议，因而这两套系统可在同一根电缆上同时操作。

RS-485 传输是 PROFIBUS 最常用的一种传输技术，这种技术通常称之为 H2。采用的电缆是屏蔽双绞铜线。

（2）用于 PA 的 IEC1158-2 传输

IEC1158-2 传输技术用于 PROFIBUS-PA，能满足化工和石油化工业的要求。它可保持其本身安全性，并通过总线对现场设备供电。IEC1158-2 是一种位同步协议，可进行无电流的连续传输，通常称为 H1。

IEC1158-2 传输技术具有以下特性。

① 数据传输：数字式、位同步、曼彻斯特编码。

② 传输速率：31.25kbit/s，电压式。

③ 数据可靠性：前同步信号，采用起始和终止限定符避免误差。

④ 电缆：双绞线，屏蔽式或非屏蔽式。

⑤ 远程电源供电：可选附件，通过数据线。

⑥ 防爆型：能进行本征及非本征安全操作。

⑦ 拓扑结构：线型或树型，或两者相结合。

⑧ 站数：每段最多 32 个，总数最多为 126 个。

⑨ 中继器：最多可扩展至 4 台。

（3）光纤传输

PROFIBUS 系统在电磁干扰很强的环境下应用时，可使用光导纤维，以增加高速传输的距离。可使用两种光纤导体：一是价格低廉的塑料纤维导体，供距离小于 50m 情况下使用，另一种是玻璃纤维导体，供距离小于 1km 情况下使用。许多厂商提供专用总线插头可将 RS-485 信号转换成导体信号或将光纤导体信号转成 RS-485 信号。

4. PROFIBUS 总线存取协议

（1）三种 PROFIBUS（DP、FMS, PA）均使用一致的总线存取协议。该协议是通过 OSI 参考模型第二层（数据链路层）来实现的。它包括了保证数据可靠性技术及传输协议和报文处理。

（2）在 PROFIBUS 中，第二层称之为现场总线数据链路层（Fieldbus Data Link，缩写为 FDL）。介质存取控制（Medium Access Control，缩写为 MAC）具体控制数据传输的程序，MAC 必须确保在任何一个时刻只有一个站点发送数据。

（3）PROFIBUS 协议的设计要满足介质控制的两个基本要求。

① 在复杂的自动化系统（主站）间的通信，必须保证在确切限定的时间间隔中，任何一个站点要有足够的时间来完成通信任务。

② 在复杂的程序控制器和简单的 I/O 设备（从站）间通信，应尽可能快速又简单地完成数据的实时传输。因此，PROFIBUS 总线存取协议，主站之间采用令牌传送方式，主站与从站之间采用主从方式。

8.3.3 PROFIBUS 控制系统

1. PROFIBUS 控制系统组成

（1）一类主站

一类主站指 PLC、PC 或可作为一类主站的控制器。一类主站完成总线通信控制与管理。

（2）二类主站

① PLC 智能型 I/O。PLC 可作为 PROFIBUS 上的一个从站。PLC 自身有程序存储，PLC 的 CPU 部分执行程序并按程序驱动 I/O。作为 PROFIBUS 主站的一个从站，在 PLC 存储器中有一段特定区域作为与主站通信的共享数据区。主站可通过通信间接控制从站 PLC 的 I/O。

② 分散式 I/O（非智能型 I/O）。通常由电源部分、通信适配器部分和接线端子部分组成。分散式 I/O 不具有程序存储和程序执行，通信适配器部分接收主站指令，按主站指令驱动 I/O，并将 I/O 输入及故障诊断等处返回给主站。通常分散型 I/O 是由主站统一编址，这样在主站编程时使用分散式 I/O 与使用主站的 I/O 没有什么区别。

③ 驱动器、传感器、执行机构等现场设备，即带 PROFIBUS 接口的现场设备，可由主站在线完成系统配置、参数修改、数据交换等功能。至于哪些参数可进行通信及参数格式由 PROFIBUS 标准决定。

2. PROFIBUS 控制系统配置的几种形式

（1）根据现场设备是否具备 PROFIBUS 接口可分为三种形式。

① 总线接口型：现场设备不具备 PROFIBUS 接口，采用分散式 I/O 作为总线接口与现场设备连接。这种形式在应用现场总线技术初期容易推广。如果现场设备能分组，组内设备相对集中，这种模式会更好地发挥现场总线技术的优点。

② 单一总线型：现场设备都具备 PROFIBUS 接口。这是一种理想情况。可使用现场总线技术，实现完全的分布式结构，可充分获得这一先进技术所带来的利益。就目前来看，这种方案设备成本会较高。

③ 混合型：现场设备部分具备 PROFIBUS 接口。这将是一种相当普遍的情况。这时应采用 PROFIBUS 现场设备加分散式 I/O 混合使用的办法。无论是旧设备改造还是新建项目，希望全部使用具备 PROFIBUS 接口现场设备的场合可能不多，分散式 I/O 可作为通用的现场总线接口，是一种灵活的集成方案。

（2）根据实际需要及经费情况，通常有如下几种结构类型。

① 结构类型 1：以 PLC 或控制器作为一类主站，不设监控站，但调试阶段配置一台编程设备。对于这种结构类型，PLC 或控制器完成总线通信管理、从站数据读写、从站远程参数化工作。

② 结构类型 2：以 PLC 或控制器作为一类主站，监控站通过串行口与 PLC 一对一地连接。对于这种结构类型，监控站不在 PROFIBUS 网上，不是二类主站，不能直接读取从站数据和完成远程参数化工作。监控站所需的从站数据只能从 PLC 中读取。

③ 结构类型 3：以 PLC 或其他控制器作为一类主站，监控站为二类主站）连接在 PROIBUS 总线上。对于这种结构类型，监控站在 PROFIBUS 网上作为二类主站，可完成远程编程、参数化及在线监控功能。

④ 结构类型 4：使用 PC 加 PROFIBUS 网卡作为一类主站，监控站与一类主站一体化。这是一个低成本方案，但 PC 应选用具有高可靠性、能长时间连续运行的工业级 PC。对于这种结构类型，PC 故障将导致整个系统瘫痪。另外，通信设备生产企业通常只提供一个模板的驱动程序，总线控制、从站控制程序、监控程序可能要由用户自己开发，因此应用开发工作量可能会较大。

⑤ 结构类型 5：坚固式 PC（Compact Computer）＋PROFIBUS 网卡＋SOFTPLC 的结构形式。如果上述方案中 PC 换成一台坚固式 PC，系统可靠性将大大增强，足以使用户信服。但这是一台监控站与一类主站一体化控制器工作站，要求它的软件完成如下功能：支持编程（包括主站应用程序的开发、编辑、调试），执行应用程序，从站远程参数化设置，主/从站故障报警及记录，主持设备图形监控画面设计、数据库建立等监控程序的开发、调试，设备在线图形监控、数据存储及统计、报表等功能。

⑥ 结构类型 6：使用两级网络结构。这种方案充分考虑了未来扩展需要，比如要增加几条生产线（即扩展出几条 DP 网络）、车间监控要增加几个监控站等，都可以方便进行扩展。

参考文献

[1] 陈在平，赵相宾. 可编程控制器技术与应用系统设计. 北京：机械工业出版社，2002

[2] 黄净. 电器及 PLC 控制技术. 北京：机械工业出版社，2002

[3] 三菱可编程控制器 FX_{1S}、FX_{1N}、FX_{2N}、FX_{2NC} 编程手册

[4] 王国海. 可编程序控制器及其应用. 北京：劳动社会保障出版社，2001